算数 ひみつの7つ道具

小学校で習う計算が5秒で解ける

4億回再生突破
日本一楽しい！動画の先生
あきとんとん

かんき出版

こんな計算(けいさん)が

6543 + 2198 = ?

18 × 19 = ?

1+2+3+4+…+997+998+999+1000 = ?

872 − 356 = ?

72 × 18 = ?

25の76%は?

$\frac{51}{68}$ = ?

5秒で解ける！ようになる

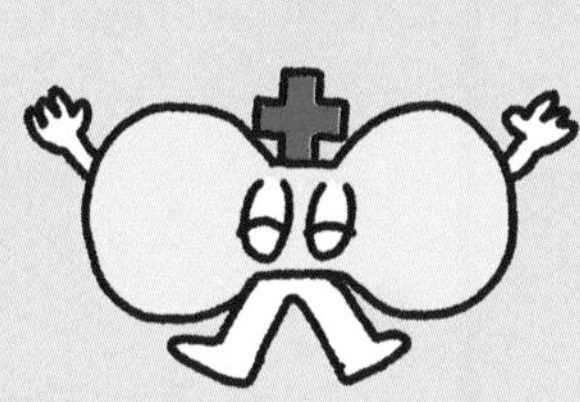

7つ道具のすごいところ

計算が速くなるから、テストで満点がとれる！

ゲームのように解けて、頭がよくなる！

楽しいから続けられて、続けられるから身につく！

はじめに

ぼくの名前はあきとんとん。算数の授業をしたり、動画を配信しているよ。そんな仕事をしていると、**算数が苦手**だって人から、相談を受けることが多いんだ。

「算数ってむずかしいからきらい！」
「小学校で一番いやなのが、算数の時間」
「分数？ 割合？ わからないよ……」

そんな悩みをもつ君のために、この本をかいたよ。

ひみつの７つ道具を使えるようになれば、2けたのたし算やかけ算、分数の約分や割合の計算は、**5秒で解ける**ようになるよ。「こんなに楽に計算できるんだ！」って、君もおどろくはず。

１つ目のひみつ道具はたし算に使える、わけわけ算＋！ たし算は、みんなもなじみがあるよね。「かんたんだよ」って人も多いかも。でももし**うら技を身につければ、計算の速さがあがる**としたら……どうかな？

$$24 + 98 = \square$$

そのほか、**約分のこんな計算**、君ならどうやって解く？

$$\frac{51}{68}$$

こういうときに使えるのがよこよこ法だ。この本のどこかで紹介していて、**ひみつ道具はほかにも5つある**んだ。

「分数がそもそもむずかしい……」って子もいると思うけど、安心して。
みんながつまずきやすいところは、キソのキソから解説しているよ！
（うそだと思う人は、86ページを開いてみて！）

ちなみに、あきとんとんのイチオシはにじにじ算だ。
こんな風に、**1ずつ増えていくたし算に使える道具**だよ。

1＋2＋3＋4＋5＋6＋7＋8＋9＋10＝□

なんとこの問題、**お絵かきをしているうちに解けてしまう**んだ！

1＋2＋3＋4＋5＋6＋7＋8＋9＋10

こんな風にね。

はじめのうちは2けたのたし算も、10秒や20秒かかるかもしれない。
でも**この本を続けているうちに、20秒が10秒、10秒が5秒と、どんどん短くなっていく**はず。そのために、問題もたくさんのせたよ！

……最後に1つだけ。この本のどこかにひみつ道具の名前の「ひみつ」をかくしておいたから、探してみてね！

さあ！ ひみつの7つ道具を身につけて、計算マスターを目指そう！

あきとんとん

CONTENTS

PART 4 かたかた算

PART 5 にこにこ算

PART 6 よこよこ法

PART 7 けしけし・かえかえ法

PART 8 計算マスターへの道

PART 9 解きかたと答え

ブックデザイン　喜來詩織（エントツ）
イラスト　徳永明子（toacco）
写真　後藤利江
データ制作　マーリンクレイン

注記　本書の記述範囲を超えるご質問（解法の個別指導依頼など）につきましては、お答えいたしかねます。あらかじめご了承ください。

わけわけ算＋

4けたのたし算も、ひっ算せずに解けるようになる！
ひみつ道具の1つ目を紹介するよ！

1-1

2けたのたし算が暗算で解ける

7つ道具の1つ目はわけわけ算＋！ まずは、例題を解いてみよう！

24 ＋ 98 ＝ □

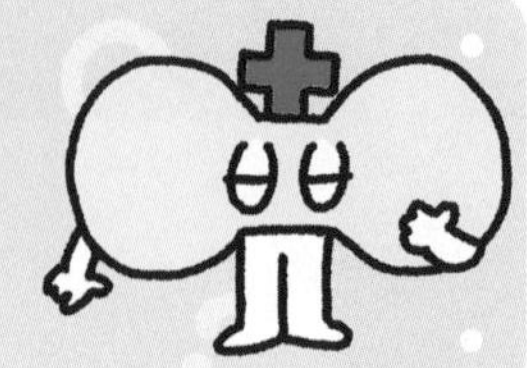

どんな風に計算したかな？ ひっ算をすれば、すぐに解けたよね。
でも……たし算をするとき「ひっ算で計算するの、めんどくさいな」なんて思うこと、ないかな？

そんなときに便利なのが……**わけわけ算＋**！
やりかたを、これから紹介していくね！
その前に……1つ、準備が必要かも。もう1つ問題を解いてみよう！

例題②

次のうち「キリのいい数」はどれかな？

29　　30　　33

答えは……30だよ！
この本では30や70、100のように、**1けた目（1番右はしの数）が0の数**を「**キリのいい数**」としてあつかっていくよ。

その1

キリのいい数（30、70、100など）になりそうな数を１つ選んで、
あといくつでキリがよくなるかを考えてみよう。
24と98のうち、あとすこしでキリがよくなりそうなのはどっち？

……そう、98だね！
98に2をたしたら100になる！ と考えよう！

その2

もう１つの数をわけわけしてあげる。
今回は、24から２を98にあげちゃおう！

$$24 = 22 + 2$$

というように、わけわけする！

その3

あわせて、完成！

$$
\begin{aligned}
&24 + 98 \\
&= 22 + 2 + 98 \\
&= 22 + 100 \\
&= 122
\end{aligned}
$$

さあ！ いろんな問題を解いてみよう！

ウォーミングアップ①

45 + 27
= 42 + □ + 27
= 42 + □
= □

答え

45 + 27
= 42 + [3] + 27
= 42 + [30]
= [72]

45を42と3にわけわけ！

27に3をたしたら30になるよ

ウォーミングアップ②

29 + 36
= 29 + □ + 35
= □ + 35
= □

答え

29 + 36
= 29 + [1] + 35
= [30] + 35
= [65]

36を1と35にわけわけ！

29に1をたしたら30だね

ウォーミングアップ③

84 + 76
= 80 + □ + 76
= 80 + □
= □

答え

84 + 76
= 80 + [4] + 76
= 80 + [80]
= [160]

84=80+4だね！

76に4をたすと、80になる！

(1)　46 + 19 =

(2)　63 + 48 =

(3)　51 + 39 =

(4)　24 + 57 =

(5)　68 + 33 =

(6)　73 + 18 =

(7)　39 + 45 =

(8)　79 + 16 =

(9)　58 + 27 =

(10)　49 + 52 =

(1)
$$\begin{aligned} & 46 + 19 \\ &= 45 + \underline{1 + 19} \\ &= 45 + \underline{20} \\ &= 65 \end{aligned}$$

(2)
$$\begin{aligned} & 63 + 48 \\ &= 61 + \underline{2 + 48} \\ &= 61 + \underline{50} \\ &= 111 \end{aligned}$$

(3)
$$\begin{aligned} & 51 + 39 \\ &= 50 + \underline{1 + 39} \\ &= 50 + \underline{40} \\ &= 90 \end{aligned}$$

(4)
$$\begin{aligned} & 24 + 57 \\ &= 21 + \underline{3 + 57} \\ &= 21 + \underline{60} \\ &= 81 \end{aligned}$$

(5)
$$\begin{aligned} & 68 + 33 \\ &= \underline{68 + 2} + 31 \\ &= \underline{70} + 31 \\ &= 101 \end{aligned}$$

(6)
$$\begin{aligned} & 73 + 18 \\ &= 71 + \underline{2 + 18} \\ &= 71 + \underline{20} \\ &= 91 \end{aligned}$$

(7)
$$\begin{aligned} & 39 + 45 \\ &= \underline{39 + 1} + 44 \\ &= \underline{40} + 44 \\ &= 84 \end{aligned}$$

(8)
$$\begin{aligned} & 79 + 16 \\ &= \underline{79 + 1} + 15 \\ &= \underline{80} + 15 \\ &= 95 \end{aligned}$$

(9)　$58 + 27$
$= 58 + 2 + 25$
$= 60 + 25$
$= \mathbf{85}$

(10)　$49 + 52$
$= 49 + 1 + 51$
$= 50 + 51$
$= \mathbf{101}$

わけわけ算＋って、どんなイメージ？

アンパンマンが「あんパン」をわけてあげるときをイメージして、あきとんとんはわけわけしているよ！ 自分の一部をあげて他の人が喜んでくれている……そんなイメージ！

勉強をするときには、**何か楽しいイメージとつなげていくと、学びがもっともっと楽しくなる**からおすすめ！

みんなはどんなイメージを持ってわけわけしているかな？

1-2

3けたのたし算も ひっ算せずに解ける

さてさて、ここで問題だよ。次の例題に、わけわけ算＋は使えるかな？

例題

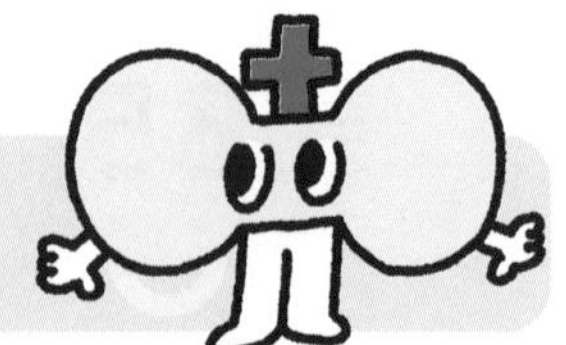

$$224 + 159 = \square$$

答えは……使える！ **わけわけ算＋は、数が大きくなっても使える**んだ！
例題をもとに説明していくね！

その1

100、160、220など、キリがよくなりそうな数を１つ選んで、「あといくつでキリがよくなるか」を考えてみよう。
今回は、224と159なので、**159に１をたしたら160になる**！と考える！

その2

もう１つの数をわけわけしてあげる。224から１を159にあげるイメージ！

$$224 = 223 + 1$$

その3

あわせて、完成！次のページでいろいろな問題を解いてみよう！

$$224 + 159$$
$$= 223 + 1 + 159$$
$$= 223 + 160$$
$$= 383$$

ウォーミングアップ

266 + 555
= 266 + 551 + □
= □ + 551
= 270 + 521 + □
= 300 + 521
= 821

答え

266 + 555
= 266 + 551 + 4
= 270 + 551
= 270 + 521 + 30
= 300 + 521
= 821

555を551と4にわけわけ！

270に30をたせば、キリのいい数になるね！

問題

(1) 176 + 245 =

(2) 582 + 369 =

(3) 319 + 484 =

(4) 753 + 628 =

(5) 453 + 328 =

(6) 419 + 315 =

(7) 579 + 326 =

(8) 385 + 587 =

(9) 758 + 583 =

(10) 593 + 729 =

解(と)きかたと答(こた)え

(1)　176 + 245
= 176 + 4 + 241
= 180 + 241
= 180 + 20 + 221
= 200 + 221
= **421**

(2)　582 + 369
= 581 + 1 + 369
= 581 + 370
= 551 + 30 + 370
= 551 + 400
= **951**

(3)　319 + 484
= 319 + 1 + 483
= 320 + 483
= 300 + 20 + 483
= 300 + 503
= **803**

(4)　753 + 628
= 751 + 2 + 628
= 751 + 630
= **1381**

(5)　453 + 328
= 451 + 2 + 328
= 451 + 330
= **781**

(6)　419 + 315
= 419 + 1 + 314
= 420 + 314
= **734**

(7) 579 + 326
= **579 + 1** + 325
= **580** + 325
= 580 + 20 + 305
= 600 + 305
= **905**

(8) 385 + 587
= 382 + **3 + 587**
= 382 + **590**
= 372 + 10 + 590
= 372 + 600
= **972**

(9) 758 + 583
= **758 + 2** + 581
= **760** + 581
= 740 + 20 + 581
= 740 + 601
= **1341**

(10) 593 + 729
= 592 + **1 + 729**
= 592 + **730**
= 592 + 10 + 720
= 602 + 720
= **1322**

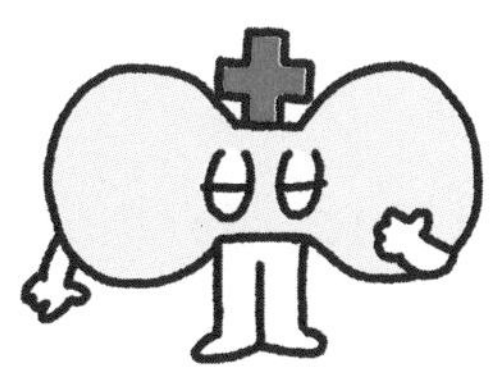

1-3

4けたのたし算にチャレンジ

もっともっと大きい数にも挑戦してみよう！

$$1234 + 9587 = \square$$

この例題をもとに解説していくね！

その1

1000、1250、8590など、キリのいい数になりそうな数を1つ選んで、あといくつでキリがよくなるかを考えてみよう。
今回は1234と9587なので、**9587に3をたしたら9590になる**と考える！

その2

もう一方の数をわけわけしよう。**1234から3を9587にあげるイメージ**！

$$1234 = 1231 + 3$$

というように、わけわけする！

その3

あとは、あわせるだけ！？

$$
\begin{aligned}
&1234 + 9587 \\
&= 1231 + 3 + 9587 \\
&= 1231 + 9590
\end{aligned}
$$

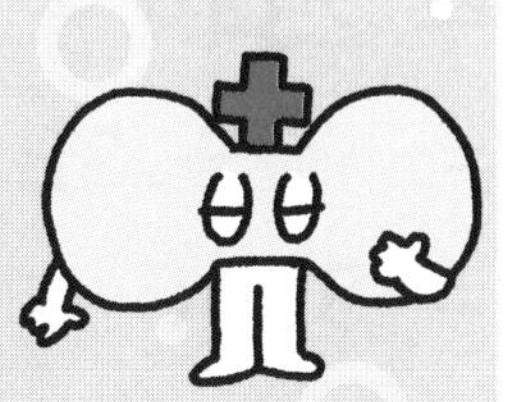

まだまだわけわけ……できるかも？

$$1231 + 9590$$

3けたのたし算でも少し紹介した通り **「まだまだ計算しにくいな〜」って感じるときは、何回もわけわけしたらいい**よ！

今回だと、**9590に10をたしたら、キリよく9600になる**よね。
だから、1231 = 1221 + 10という風に、わけわけしてあげる！

$$
\begin{aligned}
&1231 + 9590 \\
&= 1221 + 10 + 9590 \\
&= 1221 + 9600 \\
&= 221 + 1000 + 9600 \\
&= 221 + 10600 \\
&= 10821
\end{aligned}
$$

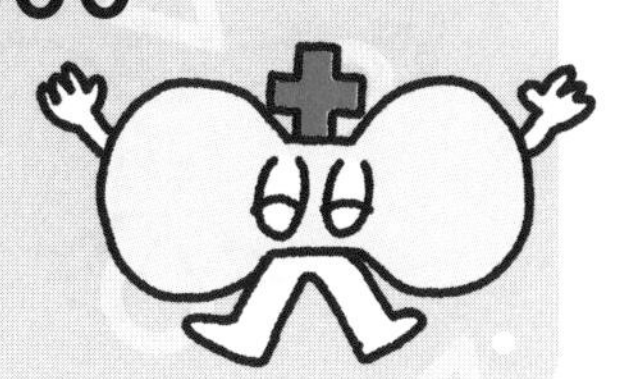

ではではこれから、いろいろな問題にチャレンジしてみよう！

ウォーミングアップ①

$$
\begin{aligned}
& 2349 + 3211 \\
&= 2349 + \boxed{} + 3210 \\
&= \boxed{} + 3210 \\
&= 5560
\end{aligned}
$$

答え

$$
\begin{aligned}
& 2349 + 3211 \\
&= 2349 + \boxed{1} + 3210 \\
&= \boxed{2350} + 3210 \\
&= 5560
\end{aligned}
$$

3211の1を、2349にあげちゃおう！

2350と3210のたし算なら、暗算もかんたんだね！

ウォーミングアップ②

$$
\begin{aligned}
& 2356 + 4189 \\
&= 2355 + \boxed{} + 4189 \\
&= 2355 + 4190 \\
&= 2345 + \boxed{} + 4190 \\
&= 2345 + 4200 \\
&= 6545
\end{aligned}
$$

答え

$$
\begin{aligned}
& 2356 + 4189 \\
&= 2355 + \boxed{1} + 4189 \\
&= 2355 + 4190 \\
&= 2345 + \boxed{10} + 4190 \\
&= 2345 + 4200 \\
&= 6545
\end{aligned}
$$

4189に1をたしたらキリがいいね！

4190に10をたしたら、さらにキリがよくなりそう！

で……できたぞーー！！

問題

(1) 2345 + 1987 =

(2) 4567 + 2189 =

(3) 6789 + 9312 =

(4) 8431 + 5679 =

(5) 3258 + 6987 =

(6) 1234 + 5678 =

(7) 6543 + 2198 =

(8) 3721 + 4599 =

(9) 4329 + 1987 =

(10) 7654 + 3789 =

解きかたと答え

(1)

$$
\begin{aligned}
&2345+1987\\
&=2342+3+1987\\
&=2342+1990\\
&=2332+10+1990\\
&=2332+2000\\
&=\mathbf{4332}
\end{aligned}
$$

(2)

$$
\begin{aligned}
&4567+2189\\
&=4566+1+2189\\
&=4566+2190\\
&=4556+10+2190\\
&=4556+2200\\
&=\mathbf{6756}
\end{aligned}
$$

(3)

$$
\begin{aligned}
&6789+9312\\
&=6789+1+9311\\
&=6790+9311\\
&=6790+10+9301\\
&=6800+9301\\
&=6800+200+9101\\
&=7000+9101\\
&=\mathbf{16101}
\end{aligned}
$$

(4)

$$
\begin{aligned}
&8431+5679\\
&=8430+1+5679\\
&=8430+5680\\
&=8410+20+5680\\
&=8410+5700\\
&=8110+300+5700\\
&=8110+6000\\
&=\mathbf{14110}
\end{aligned}
$$

(5) $3258+6987$

$= 3258+2+6985$

$= 3260+6985$

$= 3240+20+6985$

$= 3240+7005$

$= \mathbf{10245}$

(6) $1234+5678$

$= 1232+2+5678$

$= 1232+5680$

$= 1212+20+5680$

$= 1212+5700$

$= \mathbf{6912}$

(7) $6543+2198$

$= 6541+2+2198$

$= 6541+2200$

$= \mathbf{8741}$

(8) $3721+4599$

$= 3720+1+4599$

$= 3720+4600$

$= 3720+300+4300$

$= 4020+4300$

$= \mathbf{8320}$

(9) $4329+1987$

$= 4329+1+1986$

$= 4330+1986$

$= 4310+20+1986$

$= 4310+2006$

$= \mathbf{6316}$

(10) $7654+3789$

$= 7653+1+3789$

$= 7653+3790$

$= 7643+10+3790$

$= 7643+3800$

$= 7443+200+3800$

$= 7443+4000$

$= \mathbf{11443}$

1-4

たし算マスターへの道

総まとめとして、いろんな問題を解いていこう！
慣れてきたらわける回数も減って、計算が速くなるはず！
目指せ！ たし算マスター！

問題

(1) 27 + 13 =

(2) 89 + 53 =

(3) 405 + 287 =

(4) 67 + 95 =

(5) 156 + 72 =

(6) 1029 + 564 =

(7) 82 + 46 =

(8) 759 + 267 =

(9) 48 + 15 =

(10) 2876 + 543 =

答えは116ページ

2

わけわけ算ー

実はわけわけ算は、ひき算にも使えるんだ。
この章では、ひき算のわけわけをマスターしよう！

2-1 2けたのひき算が暗算で解ける

次の問題を、君はどうやって解くかな？

ひき算をするときも「ひっ算で計算するの、めんどくさいな……」とか、「くり下がりの計算が苦手だな……」なんて思うこと、あるよね。

そんなときも、たし算と同じで、わけわけ算が使える！
例題をもとに紹介していくね！ たし算よりも複雑になるけど、がんばろう！

その１

ひく数を30、70、100など、キリのいい数にする！
あといくつでキリのいい数になるかを考えてみよう。
今回は、**ひく23だから、キリのいい数の20に進化させる**！

その２

わけわけしてあげよう！

$$72 - 23$$
$$= 72 - 20 - 3$$

という風に、わけわけする！ **−23は−20と−3になるよ。**
（数字の前がひき算だから、ひき算の記号もいっしょにわけわけ）

72－20は暗算できるよね。

$$
\begin{aligned}
& 72-23 \\
&= 72-20-3 \\
&= 52-3
\end{aligned}
$$

その3

次に、**52の1けた目の「2」に注目**！
この2がなくなれば、キリのいい数、50がつくれるよね。
だから、3を2と1にわけわけして、「2」をつくっちゃおう！

$$
\begin{aligned}
& 52-3 \\
&= 52-2-1 \\
&= 50-1 \\
&= 49
\end{aligned}
$$

こんな風に、何回もわけわけすることで答えがだせる！
慣れてくると、細かくわけわけしなくても、解けるようになるよ。

わけわけの回数が減ってきたら、それは成長の証！
さあ！ いっしょにいろんな問題を解いてみよう！

ウォーミングアップ①

73 − 48
= 73 − □ − 8
= □ − 8
= 33 − □ − 5
= 30 − 5
= 25

答え

73 − 48
= 73 − [40] − 8
= [33] − 8
= 33 − [3] − 5
= 30 − 5
= 25

ひき算の記号も
いっしょに
わけわけ！

33を30に
するために、
−8を−3と−5に
わけわけ

ウォーミングアップ②

93 − 38
= 93 − □ − 8
= 63 − 8
= 63 − □ − 5
= 60 − 5
= 55

答え

93 − 38
= 93 − [30] − 8
= 63 − 8
= 63 − [3] − 5
= 60 − 5
= 55

まずはひく数を
−30と−8の2つ
にわけわけ！

−8をわけわけ！
−3と−5になるよ

(1)　65 − 37 =

(2)　85 − 39 =

(3)　72 − 57 =

(4)　94 − 68 =

(5)　81 − 26 =

(6)　96 − 57 =

(7)　77 − 59 =

(8)　93 − 39 =

(9)　88 − 69 =

(10)　90 − 48 =

解きかたと答え

(1) 65 − 37
= 65 − 30 − 7
= 35 − 7
= 35 − 5 − 2
= 30 − 2
= **28**

(2) 85 − 39
= 85 − 30 − 9
= 55 − 9
= 55 − 5 − 4
= 50 − 4
= **46**

(3) 72 − 57
= 72 − 50 − 7
= 22 − 7
= 22 − 2 − 5
= 20 − 5
= **15**

(4) 94 − 68
= 94 − 60 − 8
= 34 − 8
= 34 − 4 − 4
= 30 − 4
= **26**

(5) 81 − 26
= 81 − 20 − 6
= 61 − 6
= 61 − 1 − 5
= 60 − 5
= **55**

(6) 96 − 57
= 96 − 50 − 7
= 46 − 7
= 46 − 6 − 1
= 40 − 1
= **39**

(7)　77 − 59
= 77 − 50 − 9
= 27 − 9
= 27 − 7 − 2
= 20 − 2
= **18**

(8)　93 − 39
= 93 − 30 − 9
= 63 − 9
= 63 − 3 − 6
= 60 − 6
= **54**

(9)　88 − 69
= 88 − 60 − 9
= 28 − 8 − 1
= **19**

(10)　90 − 48
= 90 − 40 − 8
= 50 − 8
= **42**

わけわけ算−(ざんマイナス)の注意点(ちゅういてん)は?

28ページにもかいた通(とお)り、わけわけ算(ざん)をひき算(ざん)で使(つか)うときは、**ひくの記号(きごう)「−」(マイナス)もいっしょにわけわけ**しようね!

65 − 37
= 65 − 30 − 7
……

みたいにね。
まちがえやすいところだから、本当(ほんとう)に注意(ちゅうい)してね!

2-2 3けたのひき算が暗算で解ける

872 － 356 ＝ □

次は3けたのひき算を、ひっ算なしで解いていこう！
けたが多くなると、「計算したくないな～」なんて思う人もいるかもしれないけど、わけわけするだけでかんたんに計算できるよ！
いっしょにわけわけしていこう！

その1

ひく方の数をキリのいい数にする！ 少しずつわけわけしていこう！
今回は、**ひく356だから、キリのいい数の300に進化させる！**

その2

わけわけ……

872 － 356
＝ 872 － 300 － 56

わけわけ、わけわけ……

872 － 356
＝ 872 － 300 － 56
＝ 572 － 56

という風に、わけわけする！

次は、ひく56をわけわけして、計算する！ ここからは28ページで学んだ2けたのわけわけ算ーと同じだよ。

$$
\begin{aligned}
&572 - 56 \\
&= 572 - 50 - 6 \\
&= 522 - 6
\end{aligned}
$$

その4

次は522の1けた目の2を見て、ひく6を2と4にわけわけ！

$$
\begin{aligned}
&522 - 6 \\
&= 522 - 2 - 4 \\
&= 520 - 4 \\
&= 516
\end{aligned}
$$

こんな風に3けたのひき算もわけわけし続けると、答えが出せる！
慣れてきたらわけわけの回数も減らしてみるといいよ。気づいたら、暗算できるようになっているはず！

さあ！ いっしょにいろんな問題を解いてみよう！

ウォーミングアップ①

885 − 127
= 885 − □ − 27
= 785 − 27
= 785 − □ − 7
= 765 − 7
= 765 − □ − 2
= 760 − 2
= 758

答え

885 − 127

ひく数は127だね。−100と−27にわけわけ！

= 885 − $\boxed{100}$ − 27
= 785 − 27
= 785 − $\boxed{20}$ − 7
= 765 − 7
= 765 − $\boxed{5}$ − 2

わけわけわけわけ……

= 760 − 2
= 758

ウォーミングアップ②

543 − 289
= 543 − □ − 89
= 343 − 89
= 343 − 80 − 9
= 343 − □ − 40 − 9
= 303 − 40 − 9
= 263 − 9
= 263 − □ − 6
= 260 − 6
= 254

答え

543 − 289
= 543 − $\boxed{200}$ − 89
= 343 − 89

−89を、−40と−40と−9にわけわけ！

= 343 − 80 − 9
= 343 − $\boxed{40}$ − 40 − 9
= 303 − 40 − 9
= 263 − 9
= 263 − $\boxed{3}$ − 6

わけわけわけわけわけわけわけわけ……

= 260 − 6
= 254

(1) $378 - 265 =$

(2) $542 - 328 =$

(3) $724 - 583 =$

(4) $936 - 647 =$

(5) $810 - 246 =$

(6) $963 - 579 =$

(7) $777 - 594 =$

(8) $931 - 398 =$

(9) $885 - 697 =$

(10) $902 - 448 =$

(1) 378 − 265
= 378 − 200 − 65
= 178 − 65
= **113**

(2) 542 − 328
= 542 − 300 − 28
= 242 − 28
= 242 − 2 − 26
= 240 − 26
= **214**

(3) 724 − 583
= 724 − 500 − 83
= 224 − 83
= 224 − 20 − 63
= 204 − 63
= **141**

(4) 936 − 647
= 936 − 600 − 47
= 336 − 47
= 336 − 30 − 17
= 306 − 17
= **289**

(5) 810 − 246
= 810 − 200 − 46
= 610 − 46
= 610 − 10 − 36
= 600 − 36
= **564**

(6) 963 − 579
= 963 − 500 − 79
= 463 − 79
= 463 − 60 − 19
= 403 − 19
= 403 − 3 − 16
= **384**

(7) $777-594$

$= 777-500-94$

$= 277-94$

$= 277-70-24$

$= 207-24$

$= \mathbf{183}$

(8) $931-398$

$= 931-300-98$

$= 631-98$

$= 631-30-68$

$= 601-1-67$

$= 600-67$

$= \mathbf{533}$

(9) $885-697$

$= 885-600-97$

$= 285-97$

$= 285-80-17$

$= 205-17$

$= 205-5-12$

$= 200-12$

$= \mathbf{188}$

(10) $902-448$

$= 902-400-48$

$= 502-48$

$= 502-2-46$

$= 500-46$

$= \mathbf{454}$

2-3 4けたのひき算も暗算で解ける

仕上げに、4けたのひき算もわけわけしていこう！

$$7542 - 4468 = \square$$

ひき算のラスボスは、4けたの計算。わけわけする感覚はわかってきたかな？
けたが増えてもやることは同じだけど、最後にもう一度確認しよう！

その1

ひく方の数をキリのいい数にする！ 少しずつわけわけしていこう！
今回は、**ひく4468だから、キリのいい数の4000に進化させる！**

その2

自分でわけわけする。

$$7542 - 4468$$
$$= 7542 - 4000 - 468$$
$$= 3542 - 468$$

あとはこれを、ひたすらくり返す！

その3

次はひく468をわけわけして、計算する！

$$3542 - 468$$
$$= 3542 - 400 - 68$$
$$= 3142 - 68$$

その4

次はひく68をわけわけする。

$$3142 - 68$$
$$= 3142 - 60 - 8$$

これだとまだ計算しにくいので、**3142を3100＋42にわけわけ**して計算する！

$$3142 - 60 - 8$$
$$= 3100 + 42 - 60 - 8$$
$$= 3100 - 60 + 42 - 8$$
$$= 3040 + 42 - 8$$
$$= 3082 - 8$$

その5

最後は**3082の2を、ひく数の8からつくる**よ！
8を2と6にわけわけしよう！

$$3082 - 8$$
$$= 3082 - 2 - 6$$
$$= 3080 - 6$$
$$= 3074$$

こんな風に4けたのひき算もわけわけし続けると答えが出せる！
ここまで大きくなると面白計算法っぽくもなっているけど、くり返しわけわけしていくことで、楽しみながら計算の力がついていくよ！

2-4

ひき算マスターへの道

総まとめとして、いろんな問題を解いてみよう！

問題

（1）　314 − 123 ＝　　　（2）　54 − 26 ＝

（3）　333 − 95 ＝　　　（4）　6821 − 4944 ＝

（5）　9457 − 498 ＝　　　（6）　74 − 27 ＝

（7）　629 − 443 ＝　　　（8）　2042 − 1033 ＝

（9）　345 − 259 ＝　　　（10）　301 − 54 ＝

答えは117ページ

わけわけ算って、いつ使うの？

「結局、わけわけ算ってどこで使えばいいの？」って思った人、いないかな？するどい質問だけど、わけわけ算は**「この計算では、必ず使わないといけない！」**とか、**「絶対こうするべき！」といったものではない**よ。「わけわけした方が速くない？」と気づいたときに、使ってみよう！

いろいろなところで使ってみて、「あ！ ここでは、わけわけしなくても速く解ける！」とか、「ここは使った方が解きやすいな！」とか、試しながら学んでいって！（**自分で試すのが、算数の面白さかもしれないね**）
あと、**たくさんわけわけしていると、自然と頭で計算ができるようになる**よ。マスターして損はないので、最初のうちはわけわけしまくろう！

にじにじ算

1から1000までのたし算も
一瞬で解けるようになる!
にじにじ算を身につけて、にじの使い手になろう!

3-1 1から10までのたし算が5秒で解ける

さっそくだけど、次の例題を解いてみよう！

$$1+2+3+4+5+6+7+8+9+10=\square$$

みんなはどんな風に計算したかな？ ひょっとしたら、わけわけしてみた人もいるかもね。でも今回は、わけわけしづらそうな予感……。

前から順にたし算しても、**時間がかかってめんどくさい**し、**計算ミスもしちゃいそう**だよね。

こういった、数が連続しているたし算に便利なのが……**にじにじ算**！
例題①をもとに紹介していくね。その前に……1つだけ、準備が必要かも。
例題②からはじめよう！

例題②

次のたし算は、数がいくつならんでいるかな？

$$1+2+3+4+5+6+7+8+9+10$$

答えは……10個！
かんたんだよね。じゃあ、次の場合、何個かな？

$$5+6+7+8+9+10$$

「1、2、3……」って数えると、6個あるね。
ただ実はこれ、数えなくても計算で出せるんだよ！
出しかたは **(最後の数)−(最初の数)** ＋1
今回なら

10 − 5 ＋ 1 ＝ 6

で6個！

最初の計算なら1＋2＋3＋4＋5＋6＋7＋8＋9＋10で、最初の数は1、最後の数は10だから、

10 − 1 ＋ 1 ＝ 10

で、10個！
これは普段の生活でも使えるから、**できるようになるとかっこいい**よ！
あたたまってきたところで、にじにじ算のやりかたを説明するね。

次のように、最初の数と最後の数、前から2番目の数と後ろから2番目の数、……をつないで、にじをつくるように線をかこう！

次に、線で結んだ同士をたしてみて！

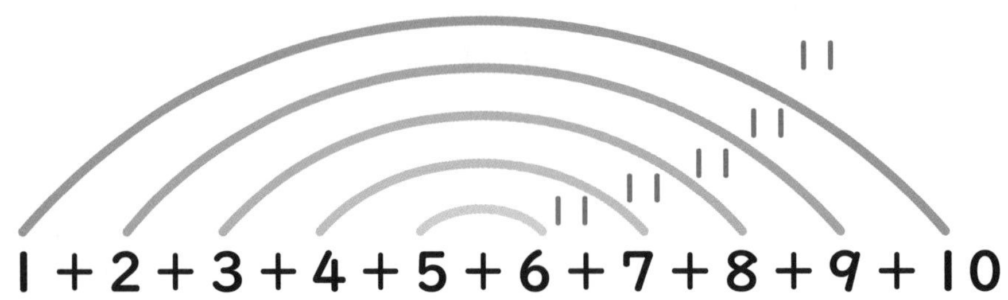

そしたら全部、同じ数になるよね。今回だったら11だね。

その2

次は、にじの線が何本あるかを数えよう！ 今回だったら5本だよね。
本数の出しかたは、**(数の個数)÷2**で出せるよ。
10個の数のたし算だから

$$10 \div 2 = 5$$

ってことね。

その3

2つをかけ算しておわり！

$$\begin{aligned}&1+2+3+4+5+6+7+8+9+10\\&=11\times 5\\&=55\end{aligned}$$

これから、いっしょにいろんな問題を解いてみよう！

ウォーミングアップ

$$4 + 5 + 6 + 7 + 8 + 9 =$$

答え

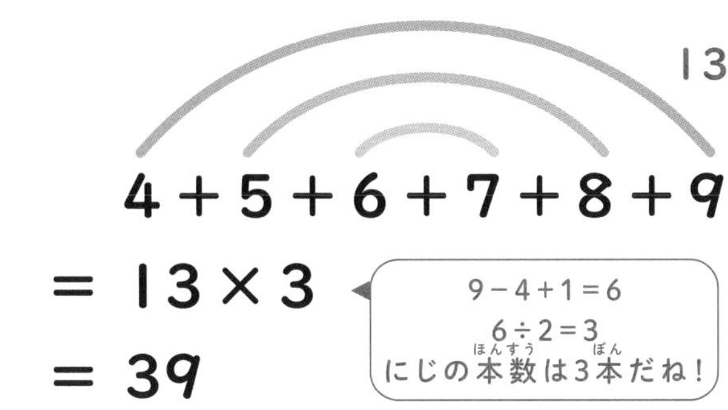

まずはにじを
かいてみよう！
たすと、すべて
13になるよ！

9－4＋1＝6
6÷2＝3
にじの本数は3本だね！

問題

(1)　$10+11+12+13+14+15+16+17=$

(2)　$7+8+9+10+11+12+13+14=$

(3)　$21+22+23+24+25+26=$

(4)　$9+10+11+12+13+14+15+16+17+18=$

(5)　$40+41+42+43+44+45+46+47=$

解きかたと答え

（1）　まずは**（最後の数）－（最初の数）**＋１で数の個数を出すんだったよね！

$$17 - 10 + 1 = 8$$

次に**（数の個数）÷２**で、にじの本数を出そう！

$$8 \div 2 = 4$$

あとは、**にじの最初と最後をたして、かけるだけ**だね！

27

$$10 + 11 + 12 + 13 + 14 + 15 + 16 + 17$$
$$= 27 \times 4$$
$$= 108$$

（2）からも同じだよ！ みんなでにじをつくっちゃおう！
（にじをつくるときに、色えんぴつを使ってみると楽しいよ！）

（2）

$$14 - 7 + 1 = 8$$
$$8 \div 2 = 4$$

21

$$7 + 8 + 9 + 10 + 11 + 12 + 13 + 14$$
$$= 21 \times 4$$
$$= 84$$

(3)

$$26 - 21 + 1 = 6$$
$$6 \div 2 = 3$$

47

$$21 + 22 + 23 + 24 + 25 + 26$$
$$= 47 \times 3$$
$$= 141$$

(4)

$$18 - 9 + 1 = 10$$
$$10 \div 2 = 5$$

27

$$9+10+11+12+13+14+15+16+17+18$$
$$= 27 \times 5$$
$$= 135$$

(5)

$$47 - 40 + 1 = 8$$
$$8 \div 2 = 4$$

87

$$40+41+42+43+44+45+46+47$$
$$= 87 \times 4$$
$$= 348$$

3-2 1から100までのたし算が一瞬で解ける

例題

$$1+2+3+4+\cdots+97+98+99+100=\square$$

たす数がいっぱいになっても、にじにじ算は使えるよ！
同じステップで大丈夫だから、ついてきてね。

その1

最初と最後、2番目と最後から1つ前……と結んでいって、にじをつくるように線をかこう！

101　101　101　101

$$1+2+3+4+\cdots+97+98+99+100=\square$$

線で結んだ同士をたしたら、全部、同じ数になるんだったよね。
今回だったら、にじの値は101になるよ！

その2

にじの値がわかったら、数の個数を数えよう！ 手で数えるのは大変だから、45ページで学んだ技を使おうね！

数の個数 ＝（最後の数）－（最初の数）＋1

今回なら

$$100-1+1=100$$

次に、**にじの本数を（数の個数）÷2で出す**んだったね！

$$100 \div 2 = 50$$

その3

あとは、にじの最初と最後をたして、かけるだけ！

$$1+2+3+4+\cdots+97+98+99+100$$
$$=101 \times 50$$
$$=5050$$

さあ！ いっしょにいろいろな問題を解いてみよう！

問題

（1）　$33+34+35+\cdots+66+67+68=\square$

（2）　$11+12+13+\cdots+98+99+100=\square$

（3）　$1+2+3+\cdots+96+97+98=\square$

（4）　$40+41+42+\cdots+77+78+79=\square$

（5）　$60+61+62+\cdots+99+100+101=\square$

解きかたと答え

(1) まずは **(最後の数)−(最初の数)+1** で数の個数を出すんだったよね！

$$68 - 33 + 1 = 36$$

次に **(数の個数)÷2** で、にじの本数を出そう！

$$36 \div 2 = 18$$

あとは、**にじの最初と最後をたして、かけるだけ**だね！

33+68
= 33+67+1
= 101

$$33 + 34 + 35 + \cdots + 66 + 67 + 68$$
$$= 101 \times 18$$
$$= 1818$$

(2) からも同じだよ！ みんなでにじをつくっちゃおう！

(2)

$$100 - 11 + 1 = 90$$
$$90 \div 2 = 45$$

111

$$11 + 12 + 13 + \cdots + 98 + 99 + 100$$
$$= 111 \times 45$$
$$= 4995$$

(3)

$$98 - 1 + 1 = 98$$

$$98 \div 2 = 49$$

99

$$1 + 2 + 3 + \cdots + 96 + 97 + 98$$

$$= 99 \times 49$$

$$= 4851$$

(4)

$$79 - 40 + 1 = 40$$

$$40 \div 2 = 20$$

119

$$40 + 41 + 42 + \cdots + 77 + 78 + 79$$

$$= 119 \times 20$$

$$= 2380$$

(5)

$$101 - 60 + 1 = 42$$

$$42 \div 2 = 21$$

161

$$60 + 61 + 62 + \cdots + 99 + 100 + 101$$

$$= 161 \times 21$$

$$= 3381$$

にじの本数が2でわり切れないときは、どうしたらいいの？

これまであつかってきた数の個数は、すべて「**2でわり切れる数**」だったよね（ちなみに、2でわり切れる数を**偶数**って呼ぶよ）。でももし**2でわり切れない数**（**奇数**）だったらどうしよう？ 説明のため、まず小数の紹介をするね。

小数って？

小数は、**1より小さい数を表したもの**で、小数点（.）を使って表す数のこと。例えば0.1は、1を10等分したうちの1つという意味だから、

$$0.1+0.1+0.1+0.1+0.1+0.1+0.1+0.1+0.1+0.1=1.0$$

……となる！

ほかにも0.5だったり0.03みたいに、1より小さい数を表すのに使うよ。

ではでは、数の個数が奇数の場合のにじにじ算を考えてみよう！

$$\underline{3}+4+5+6+7+8+\underline{9}=\square$$

を求めるとき、にじの本数は $(\underline{9}-\underline{3}+1)\div 2=7\div 2=3.5$ ってなるよね。

それでも、同じように計算して大丈夫！

$$\begin{aligned}&3+4+5+6+7+8+9\\&=(3+9)\times 3.5\\&=12\times 3.5\\&=42\end{aligned}$$

って出る！ ここまでできたら、君はにじにじ算の使い手だ！

1から1000までのたし算にチャレンジ

$$1+2+3+4+\cdots+997+998+999+1000=\square$$

この問題をお友達や家族に出してみて、誰が1番速く解けるか、きそってみよう！ みんなは、にじにじ算を使って上手に計算してね！

にじにじ算はいつでも使えるの？

にじにじ算は、**数が1ずつ続いているときにしか使えない**から注意してね！

$$1+2+3+\cdots+9+10+11$$

みたいなときは使えて、

$$1+5+6+7+10$$

みたいにバラバラな数のたし算や、

$$2+4+6+8+10+12+14$$

みたいに、**数がとびとびになっているときは使えない**ってこと。

ただし、将来みんなが高校で数学を学べば、規則正しくとびとびしているたし算はかんたんに計算できるようになるよ！
そのときは「あ！ あきとんとんが言ってたやつだ！」って驚いてね！

解きかたと答え

その1

最初と最後、2番目と最後から1つ前のように、にじをつくるように線をかこう！

1001　1001　1001　1001

$$1+2+3+4+\cdots+997+998+999+1000$$

その2

にじの値が1001とわかったから、個数を求めよう！

$$1000-1+1=1000$$

$$1000\div 2=500$$

だね！

その3

その2つをかけ算したら、おわり！

$$1+2+3+4+\cdots+997+998+999+1000$$

$$=1001\times 500$$

$$=500500$$

答えは500500だよ。

どうだった？ 速く計算できるようになったかな？

次は、にじにじ算でも出てきたかけ算！ そのスピードを上げていこう！

そもそも、にじにじ算はなぜ成り立つの？

図にすると、成り立つ理由がわかるよ。

1 ＋ 2 ＋ 3 ＋ 4 ＋ 5 ＋ 6 ＋ 7 ＋ 8 ＋ 9 ＋ 10

上の式をブロックの図で考えてみよう！ **ブロック1つが数1つ分**！

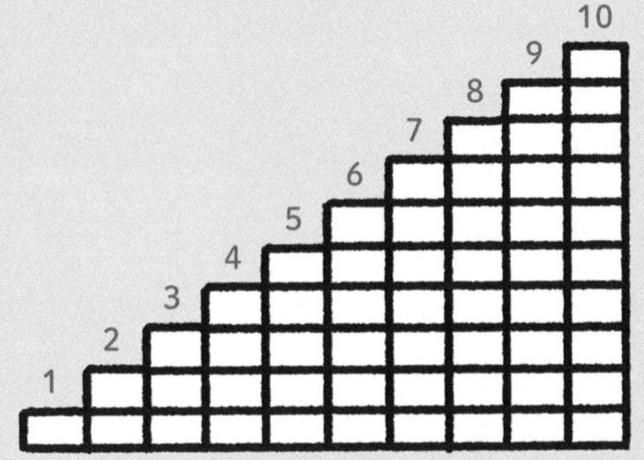

その1

45ページで学んだ「最初の数と最後の数、前から2番目の数と後ろから2番目の数……をつないで、にじをつくるように線をかこう！」を、ブロックにすると、こんな感じ！

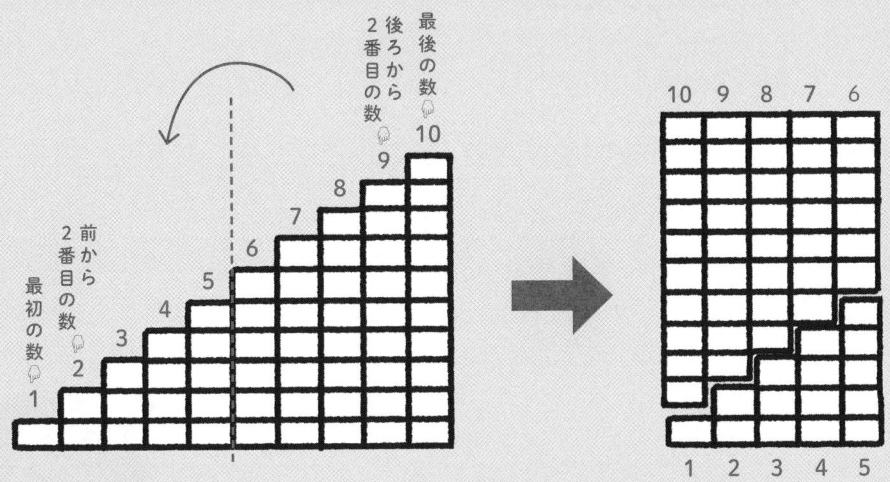

なんと、**四角形になるから、にじのたし算の答えが全部同じになる**！

その2

46ページの その2 で、にじの本数を求めるときに出てきた計算式

（数の個数）÷ 2

の÷2の部分は、ブロックの階段をまんなかでわって、合体させたあと、できた四角形の横の長さだよ。まんなかでわってくっつけてるから、もとの階段の半分の長さだよね。

その3

2つをかけ算して、おわり！
……つまり、ブロックの個数を求めているってことなんだけど、考えかたは四角形の面積を求めているのと同じ！

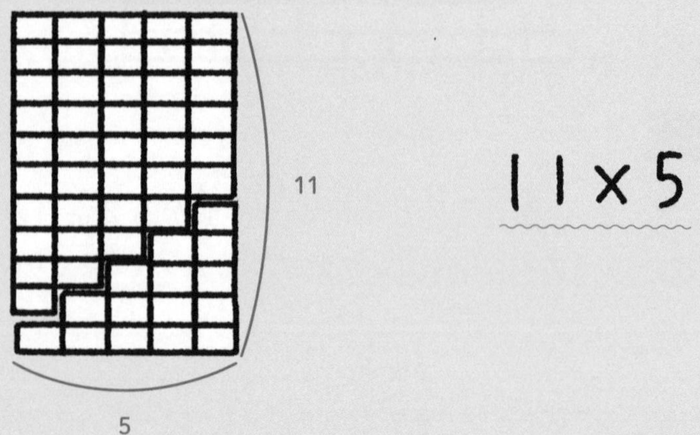

「式を図にするとわかることもある」ってことを、覚えておいて！

4 かたかた算

19×19までのかけ算を暗算で解いてみよう！
ひみつ道具ももう4つ目。
計算力も上がってきたはず！

4-1 19×19までのかけ算が一瞬で解ける

次はかけ算を一瞬で解いてみよう！

12 × 15 = □

この問題をいっしょに解いていこう！
覚えかたは、**かけてたすだけだから、かたかた**！ みんなでかたかたしよう！

その1

２つの数の１けた目のかけ算をしよう。12×15の１けた目は、2×5だね。

2 × 5 = 10

もとの式には、次のようにかこう！

12 × 15 = □ ¹0

その2

１つ目の数（12）と、**２つ目の数の１けた目**（5）、今回だと12と5のたし算をする！

12 + 5 = 17

さっきの計算とあわせて、次のようにかこう。

12 × 15 = 17 ¹0

その３

その１ と その２ でかいた２つをたしたら、完成！

$$12 \times 15 = 170 \quad (\text{くり上がり } 1)$$
$$= 180$$

これは１１×１１から１９×１９までの計算すべてに使えるよ！
ほかにも少しだけ例題を解いてみよう！

例題②

(1) １８×１９

$$18 \times 19 = 272 \quad (\text{くり上がり } 7)$$
$$= 342$$

Step 1 ―かけ
Step 2 …たす

(2) １１×１１

$$11 \times 11 = 121$$

Step 1 ―かけ
Step 2 …たす

この問題のように、その１ でくり上がらない場合もあるよ！
ここからは問題を解いて、かたかた算をマスターしていこう！

(1)　15 × 15 =

(2)　17 × 16 =

(3)　14 × 17 =

(4)　12 × 17 =

(5)　16 × 14 =

(6)　19 × 18 =

(7)　11 × 12 =

(8)　18 × 13 =

(9)　13 × 11 =

(10)　19 × 16 =

(11) 16 × 16 =

(12) 12 × 16 =

(13) 18 × 15 =

(14) 13 × 14 =

(15) 11 × 14 =

(16) 15 × 13 =

(17) 17 × 15 =

(18) 14 × 18 =

(19) 19 × 17 =

(20) 11 × 19 =

(1) 15×15

$= 20\overset{2}{5}$

$= \mathbf{225}$

(2) 17×16

$= 23\overset{4}{2}$

$= \mathbf{272}$

(3) 14×17

$= 21\overset{2}{8}$

$= \mathbf{238}$

(4) 12×17

$= 19\overset{1}{4}$

$= \mathbf{204}$

(5) 16×14

$= 20\overset{2}{4}$

$= \mathbf{224}$

(6) 19×18

$= 27\overset{7}{2}$

$= \mathbf{342}$

(7) 11×12

$= \mathbf{132}$

(8) 18×13

$= 21\overset{2}{4}$

$= \mathbf{234}$

(9) 13×11

$= \mathbf{143}$

(10) 19×16

$= 25\overset{5}{4}$

$= \mathbf{304}$

(11) 16×16

$= 22\overset{3}{6}$

$= \mathbf{256}$

(12) 12×16

$= 18\overset{1}{2}$

$= \mathbf{192}$

(13) 18×15

$= 23\overset{4}{0}$

$= \mathbf{270}$

(14) 13×14

$= 17\overset{1}{2}$

$= \mathbf{182}$

(15) 11×14

$= \mathbf{154}$

(16) 15×13

$= 18\overset{1}{5}$

$= \mathbf{195}$

(17) 17×15

$= 22\overset{3}{5}$

$= \mathbf{255}$

(18) 14×18

$= 22\overset{3}{2}$

$= \mathbf{252}$

(19) 19×17

$= 26\overset{6}{3}$

$= \mathbf{323}$

(20) 11×19

$= \mathbf{209}$

かたかた算は、なぜ成り立つの？

かたかた算もできるようになったところで、この計算方法がなんで成り立つのかを説明するね！ みんながわかる、かんたんなやりかただよ。
11×11から19×19の計算は1□×1△の2つの計算と考えると、次のようなひっ算になる！

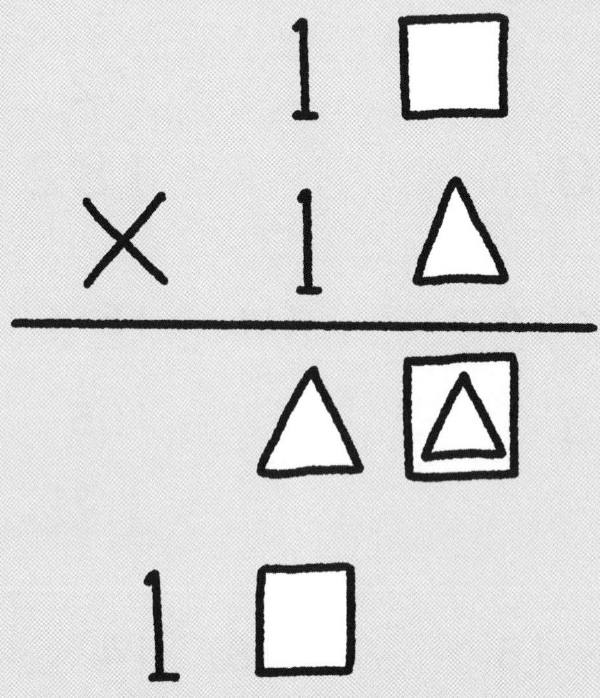

ってことで、1けた目が□と△をかけた◻︎△だね。
これは その1 の「**2つの数の1けた目のかけ算をする**」を表しているよ。
2けた目・3けた目は1□＋△になっているね。
これは その2 の「**1つ目の数と、2つ目の数の1けた目のたし算をする**」を表しているよ。11×11から19×19までの計算だから、3けた目は1になるよね。
あとはくり上がりを考えたら終了……ってこと！
なんとなくでも、わかったかな？

にこにこ算

すべての2けたのかけ算が、ひっ算いらずになる！
にこにこ算を身につければ、テストで満点笑顔！

5-1 2けたのかけ算が一瞬で解ける

11×11や19×19ではものたりない、そこの君！ 2けたの同士のかけ算すべてに使える計算方法を紹介するね！ その名も、にこにこ算！

例題

$$21 \times 31 = \square$$

こんな計算をひっ算なしでできるようになるよ。3つのステップにわけて、マスターしよう！ まずは、「にこにこ算」のやりかたを説明するね！

その1

1けた目同士、2けた目同士の計算をし、まんなかをあけて、その結果をかこう。

$$21 \times 31 = 6\square1$$

21の1けた目は1、31の1けた目も1だね。2つをかけた数（1×1の答え）を右にかくよ。次に、2けた目同士の計算だよ。21の2けた目は2、31の2けた目は3。かけた数（2×3の答え）を左にかこう。

その2

次に、内々外々でにこちゃんをつくって、かけ算をして、たした数をまんなかにかこう。

$$21 \times 31 = 651$$

これで答えは651って出る。同じような問題で、練習してみよう。

ウォーミングアップ

21 × 41

= 8 □ 1

答（こた）え

にこにこのつくりかたに注意（ちゅうい）！
2×1＝2と、1×4＝4だよ！

21 × 41

= 861

まんなかは、
2と4をたして、6だね！

問題（もんだい）

(1) 24 × 11 =

(2) 20 × 31 =

(3) 13 × 22 =

(4) 12 × 14 =

(5) 11 × 22 =

(6) 23 × 13 =

(7) 33 × 21 =

(8) 13 × 30 =

(9) 35 × 11 =

(10) 31 × 22 =

解きかたと答え

(1) 24×11 （外側 $2 \times 1 = 2$、内側 $4 \times 1 = 4$）

$= 2\square4$ （$\square = 2+4$）

$= \mathbf{264}$

(2) 20×31 （外側 2、内側 0）

$= 6\square0$ （$\square = 2+0$）

$= \mathbf{620}$

(3) 13×22 （外側 2、内側 6）

$= 2\square6$ （$\square = 2+6$）

$= \mathbf{286}$

(4) 12×14 （外側 4、内側 2）

にこにこ

$= 1\square8$ （$\square = 4+2$）

$= \mathbf{168}$

(5) 11×22 （外側 2、内側 2）

$= 2\square2$ （$\square = 2+2$）

$= \mathbf{242}$

(6) 23×13 （外側 6、内側 3）

にこにこ
しちゃうね！

$= 2\square9$ （$\square = 6+3$）

$= \mathbf{299}$

(7) 33×21 (3, 6)

$= 6\square3$ (3+6)

$= \mathbf{693}$

(8) 13×30 (0, 9)

$= 3\square0$ (0+9)

$= \mathbf{390}$

(9) 35×11 (3, 5)

$= 3\square5$ (3+5)

$= \mathbf{385}$

(10) 31×22 (6, 2)

$= 6\square2$ (6+2)

$= \mathbf{682}$

5-2 くり上がりの計算も、にこにこ算で解ける

にこにこ算で、まんなかのたし算が2けたの場合もあるよね。そのときの解きかたを学んでいくよ。

23 × 41 = □

むずかしそうに見えるかもしれないけど、「くり上がり」なので、まんなかを基準に、そこから1けたくり上がるだけ！ いっしょに見ていこう。

その1

1けた目同士、2けた目同士のかけ算をして、まんなかをあけて、その結果をかこう。ここは今までと同じだよね。

3×1

23 × 41 = 8 □ 3

2×4

その2

内々外々でにこちゃんをつくって、かけ算をして、たした数をまんなかにかこう！ 14になって、2けたになったね。もう1ステップ考えるよ。

2×1＝2　　1

23 × 41 = 8 4 3

3×4＝12　　2＋12＝14

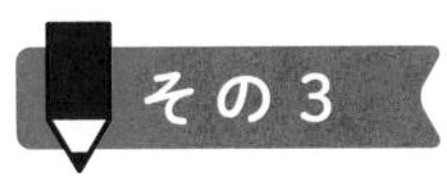

まんなかのくり上がりは3けた目にたすだけ！ 答えは943だね！

$$23 \times 41 = 843$$
$$= 943$$

くり上がる計算も、練習していこう。

にこにこ算の正体は？

気づいた人もいるかもしれないけど、**ひっ算をかかずにひっ算をしているんだ。**……って言われても「あきとんとん！ 何を言ってるの？」ってなるよね。
となりにひっ算をしてみると、わかるはず！
にこにこ算のまんなかの□は、ひっ算でいう下の□の部分だよ！

```
   23
 ×41
 ----
   23
  92
 ----
  943
```

ここの計算が
まんなかの□

これがわかると、くり上がりの計算も理解しやすくなるはず！ **ひっ算なしで解いていたにこにこ算が、実はひっ算をしていた**……って考えると面白くない？
何度も手を動かすことで、自然とできるようになるよ。
にこにこ笑顔になって、友達にも教えてあげてね！

ウォーミングアップ①

$22 \times 14 = \square$

答え

$22 \times 14 = 2\boxed{0}8$ (8, 2, 1, 8 + 2)

$= 308$

ウォーミングアップ②

$33 \times 23 = \square$

答え

$33 \times 23 = 6\boxed{5}9$ (9, 6, 1, 9 + 6)

$= 759$

ウォーミングアップ③

$44 \times 21 = \square$

答え

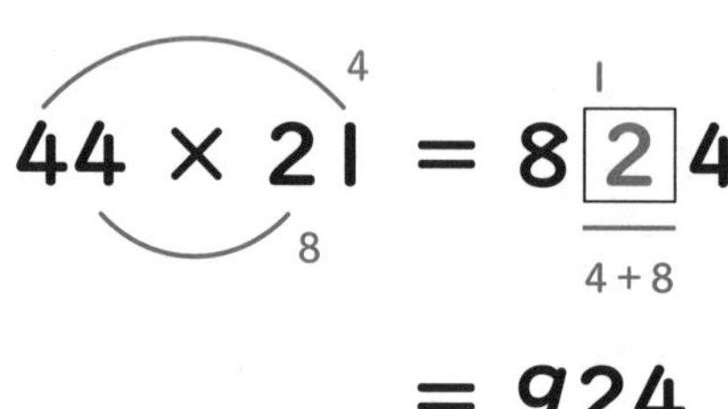

$= 924$

問題

(1)　41 × 13 =

(2)　91 × 11 =

(3)　23 × 22 =

(4)　19 × 91 =

(5)　34 × 32 =

(6)　81 × 17 =

(7)　71 × 18 =

(8)　32 × 34 =

(9)　49 × 21 =

(10)　44 × 22 =

解き(と)かたと答(こた)え

(1)

41×13 (12, 1)

$= 4\,\boxed{3}\,3$ (1; 12+1)

$= \mathbf{533}$

(2)

91×11 (9, 1)

にこにこ

$= 9\,\boxed{0}\,1$ (1; 9+1)

$= \mathbf{1001}$

(3)

23×22 (4, 6)

$= 4\,\boxed{0}\,6$ (1; 4+6)

$= \mathbf{506}$

(4)

19×91 (1, 81)

$= 9\,\boxed{2}\,9$ (8; 1+81)

$= \mathbf{1729}$

(5)

34×32 (6, 12)

$= 9\,\boxed{8}\,8$ (1; 6+12)

$= \mathbf{1088}$

(6)

81×17 (56, 1)

にこにこ
にっこり

$= 8\,\boxed{7}\,7$ (5; 56+1)

$= \mathbf{1377}$

(7) 71×18（56、1）

$= 7\boxed{7}8$（5、56+1）

$= 1278$

(8) 32×34（12、6）

にっこり笑顔（えがお）

$= 9\boxed{8}8$（1、12+6）

$= 1088$

(9) 49×21（4、18）

$= 8\boxed{2}9$（2、4+18）

$= 1029$

(10) 44×22（8、8）

$= 8\boxed{6}8$（1、8+8）

$= 968$

5-3 2けたの計算すべて、にこにこ算で解ける

これができたら、すべての2けた×2けたの計算に使えるにこにこ算が完成するよ。

さっき、にこにこしたときに、くり上がりがでてくる計算を学んだよね。
実はくり上がりは、いろいろなところで出てくるよ。
同じように対応してね！

例題

72 × 18 = □

その1

1けた目同士、2けた目同士のかけ算をして、まんなかをあけて、結果をかこう。このときにくり上がりがある場合はかいておく。今回は1だね！

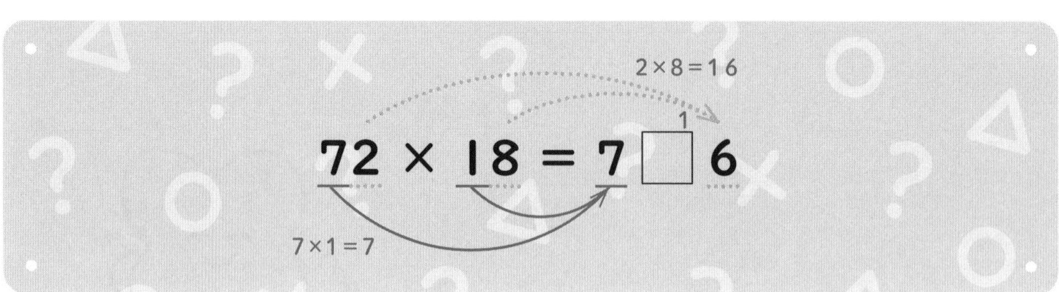

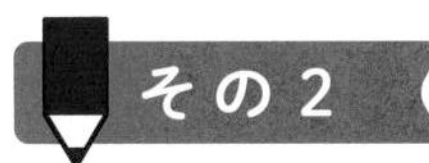

内々外々でにこちゃんをつくって、かけ算をして、たした数をまんなかにかこう。今回は その1 の1もたして、59になるよ！
最後にもう1ステップ考えよう。

7×8=56
5
72 × 18 = 7 9 6
2×1=2
56+2+1　さっきの

その3

まんなかのくり上がりは3けた目にたすだけ！

72 × 18 = 7 9 6
+5=12
= 1296

「くり上がり」なので、基準からくり上げるだけ！
次ページで、ウォーミングアップに取り組もう！

$$43 \times 34 = \square$$

答え

$$43 \times 34 = 12\square2$$

まずは1けた目同士と2けた目同士をかけ算しよう

$$43 \times 34 = 12\boxed{6}2$$

16+9+1

$$= 1462$$

ウォーミングアップ②

$$52 \times 48 = \square$$

答え

$$52 \times 48 = 20\square6$$

5×4=20と2×8=16だね

$$52 \times 48 = 20\boxed{9}6$$

40+8+1

$$= 2496$$

問題(もんだい)

(1) $33 \times 72 =$

(2) $23 \times 41 =$

(3) $35 \times 52 =$

(4) $77 \times 24 =$

(5) $48 \times 33 =$

(6) $89 \times 74 =$

(7) $91 \times 59 =$

(8) $69 \times 41 =$

(9) $99 \times 99 =$

(10) $80 \times 39 =$

解きかたと答え

(1) 33×72 （6, 21）

$= 21\boxed{7}6$ （2；6+21）

$= \mathbf{2376}$

(2) 23×41 （2, 12）

にこーーー!!

$= 8\boxed{4}3$ （1；2+12）

$= \mathbf{943}$

(3) 35×52 （6, 25）

$= 15\boxed{}0$ （1）

$= 15\boxed{2}0$ （3；6+25+1）

$= \mathbf{1820}$

(4) 77×24 （28, 14）

$= 14\boxed{}8$ （2）

$= 14\boxed{4}8$ （4；28+14+2）

$= \mathbf{1848}$

(5) 48×33 （12, 24）

$= 12\boxed{}4$ （2）

$= 12\boxed{8}4$ （3；12+24+2）

$= \mathbf{1584}$

(6) 89×74 （32, 63）

にこにこ
にこにこ

$= 56\boxed{}6$ （3）

$= 56\boxed{8}6$ （9；32+63+3）

$= \mathbf{6586}$

(7) 91×59 (81, 5)

$= 45\boxed{6}9$ (8; 81+5)

$= \mathbf{5369}$

(8) 69×41 (6, 36)

$= 24\boxed{2}9$ (4; 6+36)

$= \mathbf{2829}$

(9) 99×99 (81, 81)

81+81=162

$= 81\boxed{}1$ (8)

$= 81\boxed{0}1$ (17; 81+81+8)

$= \mathbf{9801}$

(10) 80×39 (72, 0)

$= 24\boxed{2}0$ (7; 72+0)

$= \mathbf{3120}$

5-4 にこにこ算を使いまくれ！

最後にいろいろな２けた×２けたの計算をまとめたので、お父さんやお母さん、おじいちゃんやおばあちゃん、お兄ちゃん、お姉ちゃん、友達と、スピードをきそう計算バトルをしながら、解いてみよう！
計算するときは、にこにこしながら解くと頭がさえるかも？

問題

(1)　27 × 38 =

(2)　15 × 21 =

(3)　12 × 32 =

(4)　33 × 47 =

(5)　68 × 23 =

(6)　91 × 12 =

(7)　44 × 56 =

(8)　76 × 29 =

(9)　63 × 42 =

(10)　85 × 17 =

答えは119ページ

よこよこ法

分数の復習からはじめるから安心してね。
約分が5秒でできるようになる魔法の道具だよ！

6-1

分数ってなんだっけ？

この章では、まず分数の勉強からはじめていくね！ 分数をすでに習ってるみんなは飛ばして大丈夫！「習ったけど、よくわからなかった……」とか、「まだ習っていない！」って子も、大丈夫！ いっしょに勉強していこう。

分数は数字を2つたてにならべた数で、

$$\frac{1}{2} \quad \frac{5}{9} \quad \frac{2}{100}$$

などが分数の例だよ。
数字にはそれぞれ名前があって、

$$\text{分数} = \frac{\text{分子}}{\text{分母}}$$

棒の下を分母、棒の上を分子っていうよ！
じゃあ、次の数のうち、分数はどれかわかるかな？

例題①

$$2 \quad \frac{5}{3} \quad \frac{100}{1000} \quad 23 \quad 0.3 \quad \frac{5}{7}$$

答えは……$\frac{5}{3}$、$\frac{100}{1000}$、$\frac{5}{7}$だよ！

分数のことがわかったところで、「そもそも分数は何を表しているのか」を、図を使って探っていこう！ まずは「分数」って言葉に着目！
分数はわけた数と覚えよう！

例えば$\frac{3}{5}$は、**1つのものを5つにわけたものの3つ分**を表すよ！

円で図をかいてみると……

1つの円！

5等分する！

同じ大きさが
5つ！

その3つ分！

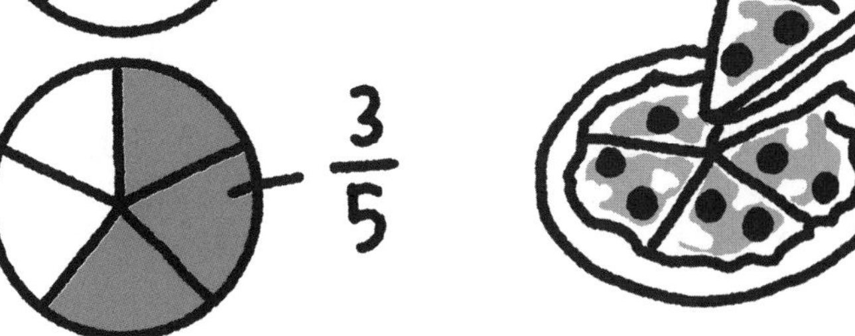

ピザを想像するとわかりやすいね！
それじゃあ、分数のイメージを持てるように、例題に取り組もう！

例題② 次の分数のイメージとあうものを、（ア）（イ）（ウ）の中から選ぼう！

（1）$\frac{1}{2}$

（ア）

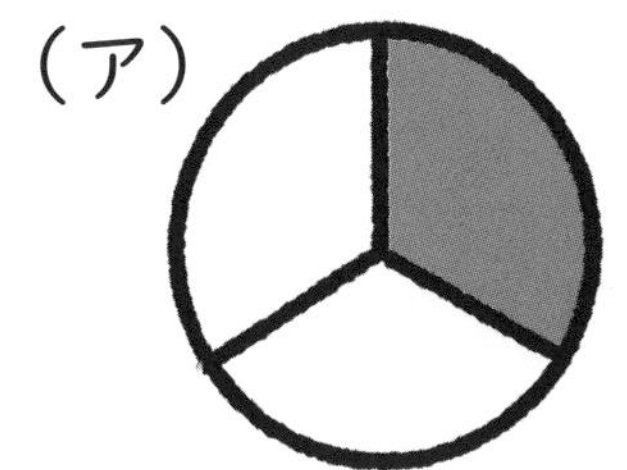

（イ）

（ウ）

(2) $\frac{2}{7}$

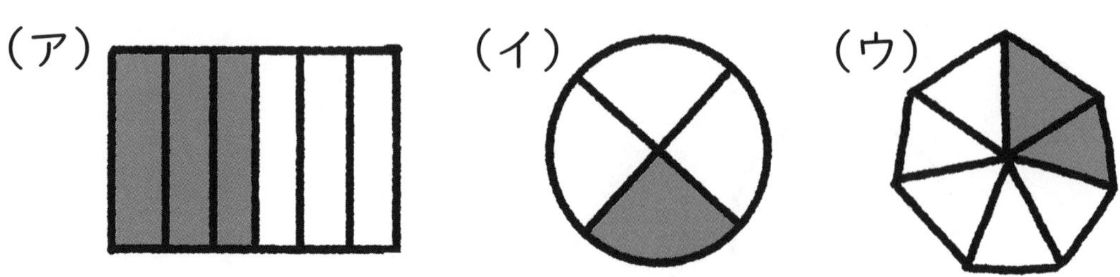

（1）の答えはイだよ。

アは$\frac{1}{3}$で、ウは$\frac{1}{4}$だね！ 全体が何等分されているかを見たらいいよ！

アは3つ、イは2つ、ウは4つにわかれているよね。そのうち1つだけ色がついているよね。

（2）の答えはウだ！

アは6等分されていて、3つに色がついているから$\frac{3}{6}$、イは4等分されていて、1つに色がついているから$\frac{1}{4}$、ウは7等分されていて、2つに色がついているから$\frac{2}{7}$だね！

みんなが分数を理解できたところで、約分の説明に入るよ！
次の分数って、実は同じ大きさなんだけど、わかるかな？

$$\frac{1}{2} \quad \frac{5}{10}$$

分数では「**約分**」といって、分母と分子を見たときに同じ数でわって、できるだけ小さい数の分数にすることが多いんだ！

今回だったら、$\frac{5}{10}$は分子が5、分母が10だから、どちらも5でわれるね！

そしたら、

$$5 \div 5 = 1$$
$$10 \div 5 = 2$$

となるから、

$$\frac{\cancel{5}^{1}}{\cancel{10}_{2}} = \frac{1}{2}$$

……となる！
学校のテストで分数が出たときは、約分をしないと×にされてしまうことが多いよ。
だから、ここで約分の練習をしておこう！

例題③ 次の分数を約分しよう。

(1) $\frac{7}{21}$ (2) $\frac{100}{1000}$ (3) $\frac{48}{72}$

答えは……

(1)は$\frac{1}{3}$だ！ 7も21も両方とも7でわって、$\frac{1}{3}$になるね！

(2) は$\frac{1}{10}$だよ。100も1000も両方とも100でわって、$\frac{1}{10}$になるよね！

(3) は$\frac{2}{3}$になる！ もしすぐに「24でわる」ってわからなくても、ちょっとずつ小さくしていけば大丈夫！ こんな感じにね。

$$\frac{\cancel{48}^{24}}{\cancel{72}_{36}} = \frac{\cancel{24}^{12}}{\cancel{36}_{18}} = \frac{\cancel{12}^{6}}{\cancel{18}_{9}} = \frac{\cancel{6}^{2}}{\cancel{9}_{3}} = \frac{2}{3}$$

2で約分　2で約分　2で約分　3で約分

6 よこよこ法

6-2 $\frac{51}{68}$が5秒で約分できる

じゃあ次は、これを約分しよう！

例題

$$\frac{51}{68}$$

「んんんー……！ むずかしい！」って思うよね。何でわったらよいのか、一目でわからないって子も多いはず。こういうときに使えるのが「よこよこ法」っていう技！ これは分数を、

$$\frac{51}{68} \qquad 68-51=17$$

こんな風によことよこに置いて、ひき算をする（大きい方ひく小さい方をする）
そこで出てきた数、「その数をわり切れる数」で約分ができるんだ！
今回は「17が何でわれるか」を考えると1と17だから、17で約分ができるかを考えると…………で、できたぞーーーー！

$$\frac{51^{3}}{68_{4}}=\frac{3}{4}$$

もし、約分ができなかったら、それ以上は小さくならないってこと！
……というわけで、**約分する数がわからないときは、よことよこに置いてひき算をしよう！**

ウォーミングアップ

$$\frac{63}{91}$$

答え

まずは分母と分子をよことよこに置いて、大きい方から小さい方をひくんだったよね！というわけで……

$$
\begin{aligned}
& 91-63 \\
= & 91-60-3 \\
= & 31-1-2 \\
= & 30-2 \\
= & 28
\end{aligned}
$$

わけわけ
わけわけ
わけわけ……

ってことで、28が何でわれるかを考えると、

1、2、4、7、14、28

こいつらが約分をするときのわる数の候補だ！
今回は7で約分できそうだね。
分母と分子を7でわると、答えは $\frac{9}{13}$ って出るね！

問題

(1) $\frac{95}{171}$　(2) $\frac{259}{333}$　(3) $\frac{377}{435}$

6 よこよこ法

解きかたと答え

(1) 分数を見て、まずは大きい方ひく小さい方をしよう！

$$
\begin{aligned}
&171-95\\
&=171-71-24\\
&=100-24\\
&=76
\end{aligned}
$$

76が何でわれるかを考えると、

1、2、4、19、38、76

こいつらが約分の候補だ！ 今回は19を使って約分できそうだね。

分母と分子を19でわると、答えは$\frac{5}{9}$って出るね！

(2) 分母と分子をよこよこしちゃおう！

$$
\begin{aligned}
&333-259\\
&=333-233-26\\
&=100-26\\
&=74
\end{aligned}
$$

74が何でわれるかを考えると、

1、2、37、74

こいつらが約分の候補だね！
今回は37を使って約分できそう！

分母と分子を37でわると

$$259 \div 37 = 7$$

$$333 \div 37 = 9$$

ってことで答えは

$$\frac{7}{9}$$

（3） よこよこよこよこ！

$$\begin{aligned} & 435 - 377 \\ = & 435 - 335 - 42 \\ = & 100 - 42 \\ = & 58 \end{aligned}$$

58が何でわれるかを考えて、

1、2、29、58

こいつらが約分の候補！
今回は29で約分できそう！
分母と分子を29でわると、

$$377 \div 29 = 13$$

$$435 \div 29 = 15$$

ってことで、答えは

$$\frac{13}{15}$$

6-3 $\frac{5080}{5207}$も5秒で約分してみよう

最後にラスボスを解いてみよう！

$$\frac{5080}{5207} = \square$$

「んんー……約分できるの？ ホントに……？」ってなるよね。

$$\begin{aligned} & 5207 - 5080 \\ = & 5207 - 5000 - 80 \\ = & 207 - 80 \\ = & 127 \end{aligned}$$

127が何でわれるかを考えると、

1、127

こいつらが約分の候補だ！
127でわれるかを試してみると……
で、できたぞーーー！！！！！

$$\frac{5080}{5207} = \frac{40}{41}$$

約分は小学校、中学校、高校とずっと使えるものだから、ぜひよこよこ法をマスターしてね！ 友達にも自慢しちゃおう！

約分の候補を見つけるコツはないの？

ここまで、かんたんそうに「〇〇で約分できそうだね」ってかいていたけど、「そんなにかんたんじゃないよ！」と思った子もいたはず（いたよね？）
これについて話すね。例えば、91ページのこの問題

$$(1)\ \frac{95}{171}$$

よこよこ法で76って出して、われる数は「1、**2**、**4**、19、**38**、**76**」だったよね。こいつらが約分の候補だけど、「いっぱいあって全然楽になってない！」って思うよね。

ここで注目してほしいのは**「2、4、38、76」は全て偶数**だってこと。
（＊偶数：2でわりきれる数）
つまり、**95も171も2でわることができないってことは、2より大きい偶数でも約分できない**ってこと！

例えば、4で約分できる数は2で約分できるよね？
$\frac{4}{16}$は4で約分して、$\frac{1}{4}$
ただ2でも約分ができて
1回2で約分して、$\frac{2}{8}$　もう1回2で約分して、$\frac{1}{4}$
だから、(1)の問題は19を試してみたってわけ！

「素数」や「約数」の意味を知りたい！

学校や塾で素数や約数って言葉を聞いたことがあるかもしれないね。90ページに出てきた17は「何でわれるか」を考えても、1と17しかなかったよね。17のように、**1と自分自身以外にわる数を持たない数**を、**素数**っていうよ。覚えておこうね！

そして、今まで「わる数」としてあつかってきたものを**約数**っていうんだ！ 例えば、76はわれる数が「1、2、4、19、38、76」って紹介したよね。この**「1、2、4、19、38、76」は76の約数**ってこと。

だから、よこよこ法で出した数の約数で約分ができるかを考えたらいいってことだね！
ちなみに、よこよこ法で素数が出てきたら、その数で約分できるかを考えたらOKってことね。
素数ってことは、約数が1と自分自身だけだからね！

ここで1つ問題だよ！ 23は素数か、素数じゃないか、どっちかな？

答えは……素数だ！ **23をわれる数は1と23だけ**だね。ほかにも**2、3、5、7、11、13、19も素数**で、94ページに出てきた127も素数だよ。ほかにもたくさんあるから、素数を見つけたら、あきとんとんに教えてね！

7 けしけし・かえかえ法

最後の道具は、割合計算の暗算！
1200の4%さえも、一瞬で解けるようになる！

7-1 そもそも割合ってなんだろう？

割合っていうのは、**全体に対してどれくらいの量があるのかを表したもの**のこと！ 超かんたんに説明すると分数のことなんだけど、**分数でいう分母が「全体」になる**んだ！

例えば$\frac{3}{5}$は、5が全体の量で、それに対して3あるってこと。
割合でよく使われるのは、全体を100とか10として考えるもの！
全体を100としたものを**百分率**、**%(パーセント)**っていうよ！

だから、例えば50%を数に直すと$\frac{50}{100}$になる！ ちなみに50%は半分って意味だよね。
ここで軽く例題を解いてみよう！

例題①

次の%を分数に直そう！ ただし全体は100とする！

(1) **65%**　(2) **3%**　(3) **22%**
(4) **93%**　(5) **120%**

答え

(1) $\frac{65}{100}$　(2) $\frac{3}{100}$　(3) $\frac{22}{100}$　(4) $\frac{93}{100}$　(5) $\frac{120}{100}$

という風に、%は分母を100にしているってわかるね！

「りんごとみかんがあわせて40個あります。そのうち60%がりんごです」とあるとき、りんごとみかんはそれぞれ何個ある？

答え

割合の考えかたを使えば、りんごの数を求める計算式は

$$40 \times \frac{60}{100} = 24$$

となり、りんごが24個、みかんが16個ってことがわかるよ！

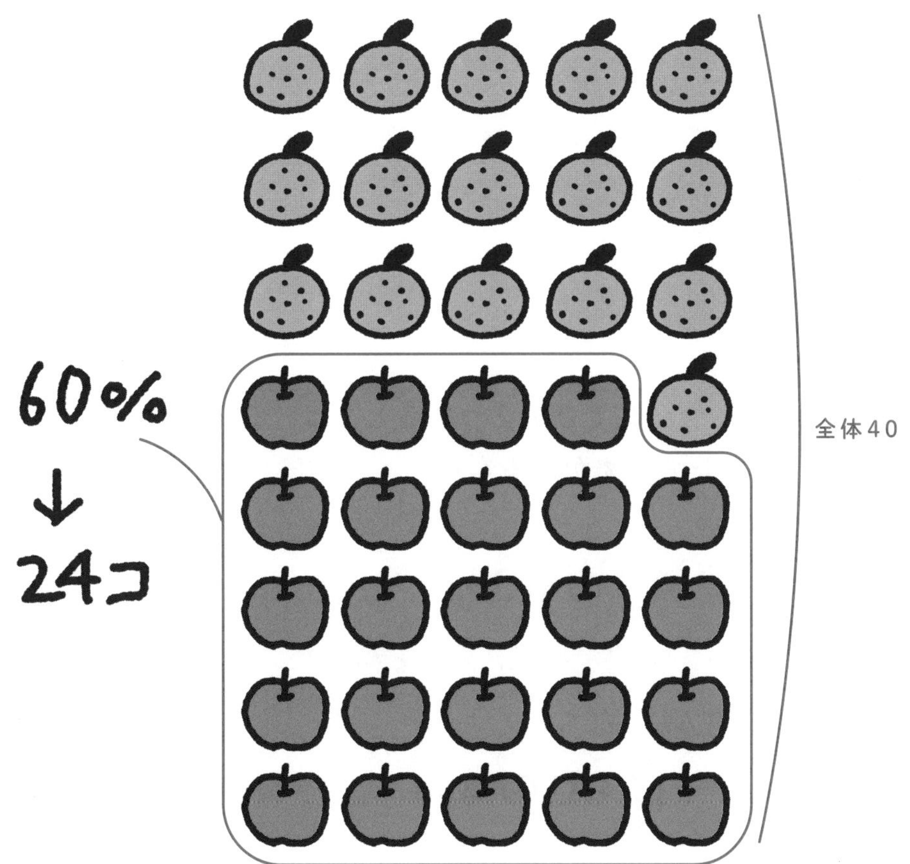

全体の数の○%っていわれたら、%を分数に直して、その2つをかけ算すればいいんだ！

7-2 けしけし法
割合の計算が暗算で解ける①

例題　次の計算をしてみよう！

（1）40の60%は？　（2）1200の4%は？
（3）1090の30%は？

割合を学んだとはいえ、こういう問題を見たときに「無理～」「計算めんどくさい」ってなる人が一気に増えると思う。1つ目の問題なら、

$$40 \times \frac{60}{100} = 24$$

だよね。
実はこれ、ここで説明するけしけし法を使ったら、もっとかんたんになるよ！

答え

今回の問題みたいに%の計算で0が2つあるときは、0を2つとも消して、残った数のかけ算をしたら答えが出るんだ！

（1）「40の60%」なら、

40の60%

4 × 6 = 24

（2）ほかにも「1200の4%」なら、

1200の4%

12 × 4 = 48

みたいな感じで、けしけししたら答えが出る！

(3)「1090の30%」のときはというと……

1090の30%

ではないよ！

注意点　途中にある0は消したらダメ！

1090の30%

109 × 3 = 327　○

答えは327だ！

問題

(1)　1200の43%は？

(2)　6660の20%は？

(3)　500の4%は？

(4)　41200円の25%は？

(5)　930円の70%は？

解きかたと答え

（1） 1200の43%は？

$$12 \times 43 = 516$$

※　にこにこ算をマスターしてたらすぐに解けるね。

答えは516

（2） 6660の20%は？

$$666 \times 2 = 1332$$

答えは1332

（3） 500の4%は？

$$5 \times 4 = 20$$

答えは20

（4） 41200円の25%は？

$$412 \times 25 = 10300$$

答えは10300円

（5） 930円の70%は？

$$93 \times 7 = 651$$

答えは651円

おしえて！
あきとんとん

けしけし法は、なぜ成り立つの？

99ページでりんごとみかんを使って説明した通り、割合の問題で「全体の数の○%」って聞かれたら、%を分数に直して全体の数と分数をかけ算するのがよいんだけど、**%って、分母に100がくる**よね。だから**数の1けた目や2けた目に0があったら、必ず約分ができる**んだ！

具体的に確認すると、101ページで

(1)1200の43%は？

って問題を出したけど、普通はこうやって計算するよね。

$$1200 \times \frac{43}{100}$$

$$= 12\cancel{00} \times \frac{43}{1\cancel{00}}$$

$$= 12 \times 43$$

$$= 516$$

……といった感じで、0があると約分ができるんだね！
だから、けしけし法で次の式がつくれるってわけ！

$$12 \times 43 = 516$$

7-3 かえかえ法 割合の計算が暗算で解ける②

次の計算をしてみよう！

（1）50の8%は？　（2）25の12%は？

答え

これも問題を見たときに「めんどくさそ～」って思うよね。
（1）の計算は

$$50 \times \frac{8}{100} = 4$$

だけど、かえかえ法を使ったら、もっとかんたんになる！
割合の問題は、数字を入れかえることができるんだ！

（1）50の8%は？ ⇒（1）8の50%は？

って考えると、かんたんじゃない？
50%だから半分ってことで、一瞬で、答えは4ってわかるよね。

入れかえるとかんたんそうなときは、かえかえ法を使っちゃおう！

（2）25の12%は？ ⇒（2）12の25%は？

これもかえかえして、12の25%って考えると**25%ってことは半分の半分なので**、答えは3ってわかる！

ウォーミングアップ①

50の9%は？

入れかえれば
かんたんそう！

答え

9の50%

か……
かんたんだー！！

ってことで、4.5が答え！

ウォーミングアップ②

25の76%は？

このままだと
むずかしそう……

答え

76の25%

か…………
かんたんになったぞー！！

ってことで、19が答え！

問題

（1）　50の88%は？

（2）　25の24%は？

（3）　50の72%は？

（4）　25の48%は？

(1) 50の88%は？
かえかえ法で、88の50%と考えられるから

$$88 \div 2 = 44$$

となり、答えは44

(2) 25の24%は？
かえかえ法で
24の25%と考えられるから

$$24 \div 2 \div 2 = 6$$

となり、答えは6

(3) 50の72%は？
かえかえ法で
72の50%と考えられるから

$$72 \div 2 = 36$$

となり、答えは36

(4) 25の48%は？
かえかえ法で
48の25%と考えられるから

$$48 \div 2 \div 2 = 12$$

となり、答えは12

かえかえ法は、なぜ成り立つの？

かえかえ法の場合、**%の計算はかけ算なので、入れかえても同じ計算**ってことで成り立つんだね！

具体的に確認すると、105ページで出した問題

(1)50の88%は？

では、かえかえ法で88の50%って考えたよね。

これはもともと

$$50 \times \frac{88}{100}$$

っていう計算だよね。分子を入れかえると、

$$\begin{aligned} &50 \times \frac{88}{100} \\ &= \frac{50 \times 88}{100} \\ &= \frac{88 \times 50}{100} \\ &= 88 \times \frac{50}{100} \end{aligned}$$

とできて、これは**88の50%を意味している**よね。

50%は半分のことだから÷2でかんたんに出せるってことだね！

あきとんとんはどこにいるの？

これで7つ道具はすべて紹介したよ！ 次のページからはじまる「計算マスターへの道」では、**どの問題にどの道具を使うか、自分で見わける必要がある**よ。ごちゃごちゃになっても道具を使えるか、試してみてね！

この本で身につけた技は、ぜひぜひ周りの大人に見せてあげて！ そしたらみんな驚くと思うよ。みんなの周りのお兄ちゃんやお姉ちゃん、先生、大人でも知らない知識がたくさんつまっているからね！

そして、できればでいいんだけど、この本をかいたぼく、あきとんとんに感想を教えてもらえるとうれしいな！ あきとんとんはインターネット上の、いろいろな所にいるからね。
（**ただしインターネットの使いかたは、周りの大人にきちんと相談するように**）

ところでこのコラム「おしえて！あきとんとん」ではなく、「おしえて！とんでんと」になっているのは気がついたかな？「とんでんと」っていうのは、あきとんとんの生徒って意味だよ。**この本を読んだみんなはもうあきとんとんの生徒だから「とんでんと」だよ**！

名前の由来は、**「生徒」を意味する英単語 student（ストゥーデント）とあきとんとんを合体させている**んだ！ ちなみに、「とんでんと」を右から読んでみると……？

8 計算マスターへの道

この章では、7つ道具が全部身についているか、
テストをしていくよ！目指せ、計算マスター！

40問すべて解けるまで、復習しながら何度でもチャレンジしてね。
家族や友達と、誰が1番速く解けるかきそっても面白いよ！

（1）　$78 + 34 =$

（2）　25の36%は？

（3）　$32 \times 99 =$

（4）　$344 - 255 =$

（5）　$1 + 2 + 3 + \cdots + 11 + 12 + 13 =$

（6）　50の98%は？

（7）　120の30%は？

（8）　$35 \times 72 =$

（9）　$35 \times 93 =$

（10）　$\frac{68}{85}$を約分すると？

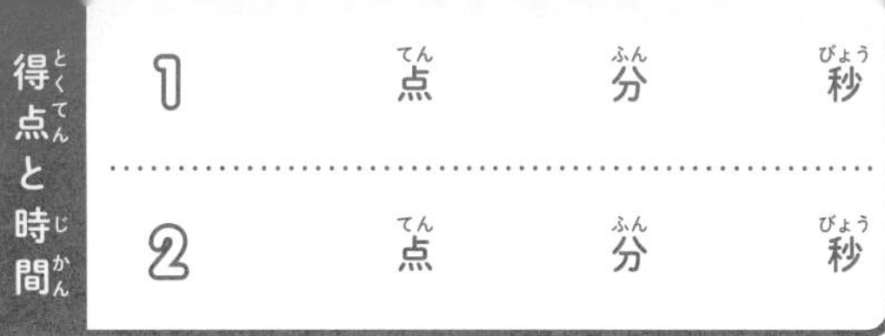

(11)　22 × 11 =

(12)　1500の22%は？

(13)　740 + 279 =

(14)　931 − 244 =

(15)　5 + 6 + 7 + … + 19 + 20 + 21 =

(16)　$\frac{259}{333}$を約分すると？

(17)　19 × 19 =

(18)　1250の90%は？

(19)　21 × 31 =

(20)　10 + 11 + 12 + … + 35 + 36 + 37 =

(21)　$39 + 777 + 23 =$

(22)　50の2%は？

(23)　$949 - 79 =$

(24)　$1 + 2 + 3 + \cdots + 112 + 113 + 114 =$

(25)　$\frac{115}{161}$を約分（やくぶん）すると？

(26)　$9384 - 4336 =$

(27)　90の30%は？

(28)　$25 \times 12 =$

(29)　$22 \times 93 =$

(30)　$11 + 12 + 13 + \cdots + 51 + 52 + 53 =$

(31) $99 \times 19 =$

(32) 2700の22%は？

(33) 25の20%は？

(34) $234 + 43 + 159 =$

(35) $945 - 79 =$

(36) 940の20%は？

(37) $22 \times 57 =$

(38) $41 \times 20 =$

(39) $44 + 45 + 46 + \cdots + 75 + 76 + 77 =$

(40) $21 + 22 + 23 + \cdots + 101 + 102 + 103 =$

解きかたと答えは121ページ

結局、ひみつ道具の「ひみつ」って?

この本を読んでいて「計算っていろいろなやりかたがあるんだ!」って思えたかな? **学校で教わるもの以外にもいろんな方法があるから、考えて、試して、自分に合ったやりかたを見つけてね!**

「はじめに」でふれていたひみつ道具の名前の由来は、この本をかいたぼくの名前にあるよ。ぼくは「あきとんとん」っていって、ちょっとヘンテコな名前なんだけど、みんなからは「とんとん」って呼ばれてるんだ。

……ここで気づいたかな? そう「とんとん」みたいなリズムで「かたかた」「にじにじ」「けしけし」みたいにしたんだよ! なんか楽しくない?

何かを楽しめるように工夫すると、楽しくなるから続けられて、続けられるから得意になるんだ。それがこの本の「ひみつ」だよ。

この本はね、小学生のみんなにかいているけど、中学生、高校生になっても面白く読めるようにかいてあるんだ。だから、今小学生のみんなは大きくなったら、もう一回この本を見返しに来てほしい!
成長したみんなはひみつ道具のさらなる「ひみつ」に気づくはずだよ!

だからそのときまで勉強をいっしょにがんばろうね! これからの人生でたくさん勉強すると思うけど、そのときは笑顔で楽しく取り組む工夫を忘れないようにね! ふぁいとんとん!

解きかたと答え

答えを確認する前に、まずは自分で解いてみよう！
自力でいろいろ試してみると、計算力がつくよ。

たし算マスターへの道（26ページ）

みんなも計算に慣れてきたと思うから、あきとんとんが頭の中でわけわけ計算したものをかくね！ どこをどうわけわけしたのかわからなければ、10ページや16ページにもどって、わけわけのやりかたを復習しようね。

(1) $27 + 13$
$= 30 + 10$
$= \mathbf{40}$

(2) $89 + 53$
$= 90 + 52$
$= \mathbf{142}$

(3) $405 + 287$
$= 402 + 290$
$= \mathbf{692}$

(4) $67 + 95$
$= 70 + 92$
$= \mathbf{162}$

(5) $156 + 72$
$= 126 + 102$
$= \mathbf{228}$

(6) $1029 + 564$
$= 1030 + 563$
$= \mathbf{1593}$

(7) $82 + 46$
$= 102 + 26$
$= \mathbf{128}$

(8) $759 + 267$
$= 760 + 266$
$= 800 + 226$
$= \mathbf{1026}$

(9)　48 + 15
= 50 + 13
= **63**

(10)　2876 + 543
= 2906 + 513
= 3006 + 413
= **3419**

ひき算(ざん)マスターへの道(みち)（42ページ）

(1)　314 − 123
= 314 − 100 − 23
= 214 − 23
= 214 − 13 − 10
= 201 − 10
= **191**

(2)　54 − 26
= 54 − 20 − 6
= 34 − 6
= 34 − 4 − 2
= 30 − 2
= **28**

(3)　333 − 95
= 333 − 30 − 65
= 303 − 3 − 62
= 300 − 62
= **238**

(4)　6821 − 4944
= 6821 − 4000 − 944
= 2821 − 944
= 2821 − 800 − 144
= 2021 − 144
= 2021 − 21 − 123
= 2000 − 123
= **1877**

(5) $9457-498$
$= 9457-400-98$
$= 9057-98$
$= 9057-57-41$
$= 9000-41$
$= \mathbf{8959}$

(6) $74-27$
$= 74-20-7$
$= 54-7$
$= 54-4-3$
$= 50-3$
$= \mathbf{47}$

(7) $629-443$
$= 629-400-43$
$= 229-43$
$= 229-20-23$
$= 209-23$
$= 209-3-20$
$= 206-20$
$= \mathbf{186}$

(8) $2042-1033$
$= 2042-1000-33$
$= 1042-33$
$= 1042-32-1$
$= 1010-1$
$= \mathbf{1009}$

(9) $345-259$
$= 345-200-59$
$= 145-59$
$= 145-45-14$
$= 100-14$
$= \mathbf{86}$

(10) $301-54$
$= 301-50-4$
$= 251-4$
$= 251-1-3$
$= 250-3$
$= \mathbf{247}$

にこにこ算を使いまくれ（84ページ）

(1) 27×38（16, 21）

$= 6\square6$（5）

$= 6\boxed{2}6$（4; 16+21+5）

$= 1026$

(2) 15×21（1, 10）

$= 2\boxed{1}5$（1; 1+10）

$= 315$

(3) 12×32（2, 6）

$= 3\square4$（2+6）

$= 384$

(4) 33×47（21, 12）

$= 12\square1$（2）

$= 12\boxed{5}1$（3; 21+12+2）

$= 1551$

(5) 68×23（18, 16）

$= 12\square4$（2）

$= 12\boxed{6}4$（3; 18+16+2）

$= 1564$

(6) 91×12（18, 1）

$= 9\boxed{9}2$（1; 18+1）

$= 1092$

(7) 44×56 (24, 20)

$= 20\square4$ (2)

$= 20\boxed{6}4$ (4) — 24+20+2

$= \mathbf{2464}$

(8) 76×29 (63, 12)

$= 14\square4$ (5)

$= 14\boxed{0}4$ (8) — 63+12+5

$= \mathbf{2204}$

(9) 63×42 (12, 12)

$= 24\boxed{4}6$ (2) — 12+12

$= \mathbf{2646}$

(10) 85×17 (56, 5)

$= 8\square5$ (3)

$= 8\boxed{4}5$ (6) — 56+5+3

$= \mathbf{1445}$

計算マスターへの道（110ページ）

（1）　$78 + 34$

$= 78 + 2 + 32$

78に2をたしたら80になる、と考えよう！

$= 80 + 32$

$= 80 + 20 + 12$

$= 100 + 12$

$= 112$

（2）　25の36%は？

36の25%と考えて、$36 \div 4 = 9$で、答えは9

（3）　32×99

$= 3168$

19×19をこえる2けたの計算は、にこにこ算で解けたよね！

（4）　$344 - 255$

$= 344 - 44 - 211$

$= 300 - 211$

$= 89$

（5）　$1 + 2 + 3 + \cdots + 11 + 12 + 13$

にじの最初と最後をたすと14で、にじの本数は6.5本

$14 \times 6.5 = 91$

（6）　50の98%は？

98の50%と考えて、$98 \div 2 = 49$で、答えは49

かえかえ法だね！忘れていたら、104ページを確認すること！

(7)　120の30%は？

$12 \times 3 = 36$

100ページで学んだ
けしけし法！
けしけししちゃおう！

(8)　35×72

$= 2520$

(9)　35×93

$= 3255$

(10)　$\frac{68}{85}$を約分すると？

分母と分子を横に
おいて、ひき算
するんだったよね

17で約分ができる。答えは$\frac{4}{5}$

(11)　22×11

$= 242$

(12)　1500の22%は？

0と0を
けしけし！

$15 \times 22 = 330$

(13)　$740 + 279$

$= 740 + 60 + 219$

$= 800 + 219$

$= 1019$

(14)　$931 - 244$

$= 931 - 31 - 213$

$= 900 - 213$

$= 687$

244を31と213にわけわけしているよ。これで、931から31をひける！

(15)　$5 + 6 + 7 + \cdots + 19 + 20 + 21$

にじの最初と最後をたすと26で、にじの本数は8.5本

$26 \times 8.5 = 221$

にじの本数が奇数になる場合は、54ページで紹介したよ！

(16)　$\frac{259}{333}$を約分すると？

37で約分をして、答えは$\frac{7}{9}$

(17)　19×19

$= 361$

19×19までのかけ算は、かたかた法で解けたよね！

(18)　1250の90%は？

$125 \times 9 = 1125$

(19)　21×31

$= 651$

(20)　$10 + 11 + 12 + \cdots + 35 + 36 + 37$

にじの最初と最後をたすと47で、にじの本数は14本

$47 \times 14 = 658$

にじの本数が偶数の場合は、計算もかんたんだね！

(21)　$39 + 777 + 23$

$= 39 + 777 + 3 + 20$

$= 39 + 780 + 20$

$= 39 + 800$

$= 839$

別解

$39 + 777 + 23$

$= 39 + 1 + 776 + 23$

$= 40 + 776 + 23$

$= 10 + 30 + 776 + 23$

$= 10 + 806 + 23$

$= 839$

わけわけのやりかたは自由だよ。いろいろ試してみよう！

(22)　50の2%は？

2の50%と考えて、2÷2＝1で、答えは1

(23)　$949 - 79$

$= 949 - 9 - 70$

$= 940 - 70$

$= 940 - 40 - 30$

$= 900 - 30$

$= 870$

79を9と70にわけわけ、70は40と30にわけわけ

(24)　$1+2+3+\cdots+112+113+114$

にじの最初と最後をたすと115で、にじの本数は57本

$115\times 57=6555$

(25)　$\dfrac{115}{161}$を約分すると？

分母と分子をよこよこするんだったよね！
よこよこするときに、わけわけ算も使えるよ！

$161-115$

$=161-100-15$

$=61-1-14$

$=60-14$

$=46$

……ってことで、46が何でわれるかを考えると、

1、2、23、46

23で約分ができて、答えは$\dfrac{5}{7}$

(26)　$9384-4336$

$=9384-4-4332$

$=9380-4332$

$=9380-4330-2$

$=5050-2$

$=5048$

4336を4と
4332にわけわけ、
4332は4330と
2にわけわけ

(27)　90の30%は？

0を2つ消して、$9\times 3=27$で、答えは27

(28)　25×12

$= 300$

(29)　22×93

$= 2046$

(30)　$11 + 12 + 13 + \cdots + 51 + 52 + 53$

にじの最初と最後をたすと64で、にじの本数は21.5本

$64 \times 21.5 = 1376$

53−11+1=43で、43を2でわったら21.5だよ

(31)　99×19

$= 1881$

(32)　2700の22%は？

0を2つ消して、$27 \times 22 = 594$　答えは594

(33)　25の20%は？

20の25%と考えて、$20 \div 4 = 5$　答えは5

(34)　$234 + 43 + 159$

$= 234 + 42 + 1 + 159$

159に1をたしたら、キリがよくなりそうだね。43を42と1にわけわけ

$= 234 + 42 + 160$

$= 234 + 2 + 40 + 160$

$= 234 + 2 + 200$

$= 436$

(35)　$945 - 79$

$= 945 - 45 - 34$

$= 900 - 34$

$= 866$

計算になれてきたら、79を45と34にわけわけするのも、暗算でできるようになるよ！

(36)　940の20%は？

0が2つあるので、$94 \times 2 = 188$　答えは188

(37)　22×57

$= 1254$

(38)　41×20

$= 820$

(39)　$44 + 45 + 46 + \cdots + 75 + 76 + 77$

にじの最初と最後をたすと121で、にじの本数は17本

$121 \times 17 = 2057$

(40)　$21 + 22 + 23 + \cdots + 101 + 102 + 103$

にじの最初と最後をたすと124で、にじの本数は41.5本

$124 \times 41.5 = 5146$

著者紹介

あきとんとん

◉——京都大学大学院修士課程修了。学部では電気電子工学を学び、大学院では流体力学を研究していた。

◉——算数や数学を楽しく学びたいすべての人を応援したいと思っている。高校や大学で勉強に苦労していたため、「できない人も楽しく勉強できるよう、手助けをしたい」との想いが人一倍強い。

◉——実は理科と英語も得意で、勉強の苦手な中高生や大人の学び直しのために SNS で発信中。総フォロワー数80万人超、再生回数は4億回超。趣味は筋トレ。

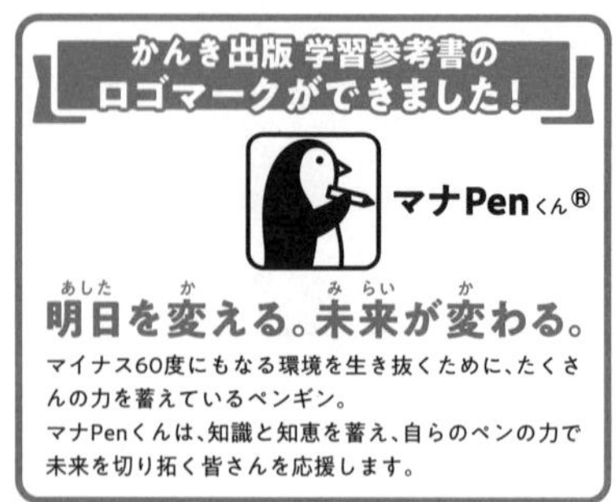

小学校で習う計算が5秒で解ける　算数 ひみつの7つ道具

2023年12月18日　第1刷発行
2024年10月24日　第9刷発行

著　者——あきとんとん
発行者——齊藤　龍男
発行所——株式会社かんき出版
東京都千代田区麹町4-1-4 西脇ビル　〒102-0083
電話　営業部：03(3262)8011㈹　編集部：03(3262)8012㈹
FAX　03(3234)4421　振替　00100-2-62304
https://kanki-pub.co.jp/
印刷所——TOPPANクロレ株式会社

 ISBN978-4-7612-3110-1 C6041